西南交通大学
峨眉校区
校园观赏植物

主　　编 ◎ 王友松　林代章
副 主 编 ◎ 武建林　杨曼妮　史俊燕
照片提供 ◎ 史俊燕　鞠红伟

西南交通大学出版社
·成都·

图书在版编目（ＣＩＰ）数据

西南交通大学峨眉校区校园观赏植物／王友松，林
代章主编．—成都：西南交通大学出版社，2016.5
ISBN 978-7-5643-4671-3

Ⅰ．①西… Ⅱ．①王… ②林… Ⅲ．①西南交通大学
– 观赏植物 – 介绍 Ⅳ．①Q948.527.11

中国版本图书馆 CIP 数据核字（2016）第 089697 号

西南交通大学峨眉校区校园观赏植物	主编　王友松 　　　林代章	责任编辑　祁素玲 特邀编辑　李秀梅 封面设计　何东琳设计工作室

印张　10　　字数　245千

成品尺寸　210 mm×285 mm

版本　2016 年 5 月第 1 版

印次　2016 年 5 月第 1 次

印刷　成都白马印务有限公司

书号：ISBN 978-7-5643-4671-3

出版 发行　西南交通大学出版社

网址　http://www.xnjdcbs.com

地址　四川省成都市二环路北一段111号
　　　西南交通大学创新大厦21楼

邮政编码　610031

发行部电话　028-87600564　028-87600533

定价：260.00元

谨以此书
向西南交通大学建校120周年献礼！

编审委员会

编写说明

    西南交通大学峨眉校区占地1 000余亩，绿化覆盖率达到78%。随着峨眉校区校园绿化美化工作不断深入，校园植物种类越来越丰富。为了让广大师生员工对校园内的植物有总体的认识，学习识别园林树木、提高园林景观欣赏能力，同时也为园林工作者更好地搞好园林绿化提供借鉴，在后勤集团总经理王友松先生的倡导下，我们着手编写了《西南交通大学峨眉校区校园观赏植物》。

    本书以介绍校园内的木本观赏植物为主，在内容上把对各类植物基本知识和园林观赏特性介绍作为重点；在形态特征的描述上突出植物的主要特征，并简要介绍其生长习性及校园分布状况；在语言上力求简洁明了，通俗易懂；在图片编排上尽量突出植物在校园内的生长情况，以树木整体形态为主，兼顾细部特征，图片紧随相应植物的介绍文字，不另外编写图题。

    本书收录校园内观赏植物共计54科119种，图片242幅。书中部分内容引自正式出版的有关书刊，主要有郑万钧主编的《中国树木志》，陈有民主编的《园林树木学》，祁承经、汤庚国主编的《树木学（南方本）》，臧德奎主编的《园林树木学》；也有部分内容引自网络文献，如中国植物物种信息数据库、百度百科等。在此谨向所有原作者致谢。

    由于编者水平有限，书中疏漏和不当之处在所难免，谨希专家和读者不吝指出。

武建林

2015年12月

序

　　西南交通大学峨眉校区校园是海内外交大人共同的精神家园。作为全国唯一坐落在世界双遗产5A级景区（峨眉山）内的校园，西南交通大学峨眉校区的自然资源可谓得天独厚、羡煞旁人。自20世纪60年代迁址峨眉以来，数代交大人筚路蓝缕，如燕衔泥，既育得万千人才，也植得草木葱茏。今日之峨眉校园，草木贲华，林籁结响，流水潺缓，美景如画，有四川省乐山市"园林式单位"之誉，为世人称赞。

　　徜徉校园，157阶、名山电影场、明湖的荷花、四号桥的银杏、中山梁上的参天巨树、葱茏竹林，凸显出交大的沉稳与灵动，散发着历史与现代的气息。更重要的是，这里的一草一木都镌刻着一代代交大学子青春的故事和悠长的回忆。从唐山铁道学院到西南交通大学，从峨眉分校到峨眉校区，多少学子曾在心中梦里咏诵过峨眉的松柏樟榆，多少学者才俊在文中笔底追慕过峨眉的琪花瑶草。任人事更迭，风云变幻，但草木花卉却代复一代、年复一年，顽强地生长繁滋，春华秋实，冬枯夏荣，循环往复，予校区的历史以鲜活，予学子的记忆以芳香。

　　时值西南交通大学120周年校庆，校区后勤集团利用校园内丰富的物种资源，历时三年，几经易稿，编撰了这本精致的画册。该画册不但为校园内每一种植物拍摄了专业的图片，而且配上了科学严谨的说明文字。此书不仅是认识峨眉校区花草树木的特别"指南"，更是了解交大历史变迁与发展脉络的一把"钥匙"。

　　让我们携起手来，共同建设交大人共同的精神家园，共同建设我们美丽的峨眉校园。

2016年4月

西南交通大学峨眉校区

西南交通大学是一所在国内外享有盛誉、为国家培养高级工程技术和科学研究人才的以工为主，工、理、经、管、文、法协调发展的综合性全国重点大学，是国家首批"211工程"建设的学校。

西南交通大学创建于1896年，时称山海关铁路官学堂，是我国近代创办最早的工科大学之一。1905年迁校于唐山，先后更名为唐山交通大学、国立唐山工学院、唐山铁道学院等。1964年学校内迁峨眉，1972年改称西南交通大学。1989年，西南交通大学主体迁入成都市后，在峨眉校区设立西南交通大学峨眉分校，2003年，峨眉分校更名为峨眉校区。

西南交通大学在峨眉办学50余年，在学校发展的历程中，积淀了

鸟瞰校园

丰厚的历史文化底蕴、科研特色和优良的办学传统、办学理念；同时校区位于自然文化双遗产的风景名胜区峨眉山脚下，有着得天独厚的自然生态环境条件，有着美丽宜人的自然环境和浓厚时代特色的文化景观。

峨眉校区是西南交通大学"一校两地三校区"办学格局中的重要组成部分。校区占地1000余亩，建筑面积25万平方米。校区风景秀丽，环境优美，有良好的教学与生活设施，享有"花园学府"的美誉。

面向未来，西南交通大学峨眉校区正致力于建设成为学校若干学院所在地、高端培训与研究基地、中外合作办学基地，为实现交大复兴、创建交通特色鲜明的综合性研究性一流大学做出积极贡献。

峨眉校区茅以升雕像

峨眉校区詹天佑雕像

图书馆

校前区景观

明湖夜景

峨眉校区校门

目　录

苏 铁 科

★ 苏铁

名　称：苏铁

科　属：苏铁科苏铁属

拉丁名：Cycas revoluta Thunb.

别　名：铁树、铁甲松（四川）

▌ 形态特征

　　常绿木本，茎干圆柱状，不分枝。在生长点破坏后，能在伤口下萌发出丛生的枝芽，呈多头状。茎部宿存木质叶基和叶痕，呈鳞片状。叶从茎顶部长出，一回羽状复叶，长0.5～2.0米，厚革质而坚硬，羽片条形。小叶线形，初生时内卷，后向上斜展，微呈"V"字形，边缘向下反卷，先端锐尖，叶背密生锈色绒毛，基部小叶成刺状。雌雄异株，6～8月开花，种子12月成熟*，种子大，卵形而稍扁，熟时红褐色或橘红色。

　　*6～8月指6月份至8月份，12月指12月份。本书中有关植物生长特性的介绍，如果没有特别说明，"月"通常指"月份"。

生长习性

喜光，喜温暖，稍耐半阴，不甚耐寒。生长缓慢，10余年以上的植株可开花。

观赏特性

优美的观赏植物，适宜孤植在草坪中，如公园等地方，带有一些热带气息。苏铁属植物，树形优美，苍劲质朴，大型而美丽的羽叶四季浓绿顶生，具独特之观赏效果。如布置在庭园及大型会场可收庄严肃穆之效；配置于花坛中心，使人有安详之感；作古代建筑之陪衬，则显古老苍劲；作现代建筑之配植，则四季浓绿而赏心怡神；植于寺庙之旁则有避邪之妙用。

苏铁为世界最古老树种之一。树形古朴，茎干坚硬如铁，体形优美，顶生大羽叶，洁滑光亮，油绿可爱，四季常青。制作盆景可布置在庭院和室内，是珍贵的观叶植物。苏铁老干布满落叶痕迹，斑然如鱼鳞，别具风韵。

校园分布状况

图书馆花园；主楼前；国旗台两侧。

银 杏 科

★ 银杏

名　称：	银杏
科　属：	银杏科银杏属
拉丁名：	Ginkgo biloba Linn.
别　名：	白果、公孙树、鸭脚树

▌ 形态特征

　　落叶大乔木，高可达40米，胸径可达4米，幼树树皮近平滑，浅灰色，大树树皮灰褐色，不规则纵裂，有长枝与生长缓慢的短枝。叶互生，在长枝上辐射状散生，在短枝上3～5枚成簇生状，有细长的叶柄，扇形，两面淡绿色。雌雄异株，稀同株。种子核果状，具长梗，下垂，椭圆形、长圆状倒卵形、卵圆形或近球形。花期3～4月，果期9～10月。

生长习性

　　银杏寿命长，中国有3 000年以上的古树。适于生长在水热条件比较优越的亚热带季风区。阳性，对土壤要求不严，较耐旱，不耐积水，对大气污染有一定的抗性。初期生长较慢。雌株一般20年左右开始结实，500年生的大树仍能正常结实。一般3月下旬至4月上旬萌动展叶，4月上旬至中旬开花，9月下旬至10月上旬种子成熟，10月下旬至11月落叶。

观赏特性

　　银杏树高大挺拔，叶似扇形，冠大荫状，具有降温作用。叶形古雅，寿命绵长。无病虫害，不污染环境，树干光洁，是著名的无公害树种。适应性强，银杏对气候土壤要求都很宽范。抗烟尘、抗火灾、抗有毒气体。银杏树干通直，姿态优美，春夏翠绿，深秋金黄，是理想的园林绿化、行道树种。它是园林绿化、行道、公路、田间林网、防风林带的理想栽培树种。银杏被列为中国四大长寿观赏树种（松、柏、槐、银杏）。

校园分布状况

　　四号桥；主楼周围；图书馆西侧；游泳池东侧。

南洋杉科

★ 南洋杉

名　称：南洋杉

科　属：南洋杉科南洋杉属

拉丁名：Araucaria cunninghamii Sweet

别　名：鳞叶南洋杉、尖叶南洋杉、小叶南洋杉、塔形南洋杉

形态特征

　　常绿乔木，树皮灰褐色或暗灰色，粗糙；大枝平展或斜伸，幼树冠尖塔形，老树成平顶状，侧生小枝密集，下垂，近羽状排列；球果卵圆形或椭圆形，长6～10厘米，径4.5～7.5厘米，雄球花单生枝顶，圆柱形。

生长习性

　　喜气候温暖，空气清新湿润，光照柔和充足，不耐寒，忌干旱，冬季需充足阳光，夏季避免强光暴晒，在气温25～30℃、相对湿度70%以上的环境条件下生长最佳。

观赏特性

　　南洋杉树形高大，姿态优美，它和雪松、日本金松、北美红杉、金钱松被称为世界5大公园树种。最宜独植作为园景树或作纪念树，亦可作行道树。可列植、孤植或配植于树丛内，也可作雕塑或风景建筑的背景树。

校园分布状况

　　东坡苗圃；路南外教楼旁；西山梁宿舍区。

松 科

★ 雪松

名　称：雪松

科　属：松科雪松属

拉丁名：Cedrus deodara（Roxb）G. Don

别　名：喜马拉雅山雪松、喜马拉雅杉

▌ 形态特征 ────────

常绿乔木，树冠尖塔形，长枝平展，短枝略下垂。叶针状，长8～60厘米，坚硬，灰绿色或银灰色，通常呈三棱形，或背脊明显呈四棱形，叶在长枝上螺旋状排列、辐射伸展，在短枝上呈簇生状。10～11月开花，球花单性，雌雄同株，直立，单生短枝顶端；球果第二年（稀三年）10月成熟，直立，椭圆状卵形，熟时赤褐色。球果顶端及基部的种鳞无种子，种子有宽大膜质的种翅。

▌ 生长习性 ────────

阳性树，抗寒性较强，耐旱，忌盐碱、积水，浅根性，抗风性弱。要求温和凉润气候和上层深厚而排水良好的土壤。

▌ 观赏特性 ────────

雪松是世界著名的庭园观赏树种之一。树体高大，树形优美，最适宜孤植于草坪中央、建筑前庭中心、广场中心或主要建筑物的两旁及园门的入口等处。其主干下部的大枝自近地面处平展，长年不枯，能形成繁茂雄伟的树冠。此外，雪松通常列植于园路的两旁，形成甬道，亦极为壮观。

▌ 校园分布状况 ────────

新镜住宅区。

杉 科

★ 杉木

名　称：杉木

科　属：杉科杉木属

拉丁名：Cunninghamia lanceolata（Lamb.）Hook.

别　名：正杉、杉树

▌形态特征

　　常绿乔木，树高可达30～40米，胸径可达2～3米。从幼苗到大树单轴分枝，主干通直圆满。侧枝轮生，向外横展，幼树冠尖塔形，大树树冠呈圆形。叶螺旋状互生，侧枝上的叶基部扭成2列，条状披针形，先端尖而稍硬，上面深绿色，下面沿中脉两侧各有1条白色气孔带。花期3～4月，球果10～11月成熟。

▎**生长习性** ─────────────────────────────

　　杉木较喜光，但幼树稍耐荫。对土壤的要求较高，最适宜肥沃、深厚、疏松、排水良好的酸性土壤。浅根性，速生，萌芽、萌蘖力强，对有毒气体有一定抗性。

▎**观赏特性** ─────────────────────────────

　　杉木树干通直，树形美观，终年郁郁葱葱，是美丽的园林造景材料。另外，杉木也是我国特有的速生商品用材树种，生长快，材质轻韧，强度适中，质量系数高。具香味，材中含有"杉脑"，能抗虫耐腐，加工容易。树姿端庄，适应性强，耐烟尘，木材纹理细，质坚，能耐水，供桥梁、家具用材；茎皮纤维可制人造棉和绳索，叶可入药。杉木为国家 II 级重点保护野生植物（国务院1999年8月4日批准）。

▎**校园分布状况** ──

　　新镜住宅区。

★ 柳杉

名　称：	柳杉
科　属：	杉科柳杉属
拉丁名：	Cryptomeria fortunei Hooibrenk ex Otto et Dietr
别　名：	长叶孔雀松

形态特征

常绿乔木，高可达40米，胸径可达2米；树皮红棕色，纤维状，裂成长条片脱落；大枝近轮生，平展或斜展；小枝细长，常下垂，绿色；种子褐色，近椭圆形，扁平。花期4月，球果当年10～11月成熟。

生长习性

中等喜光，幼龄耐荫，在温暖湿润的气候和土壤酸性、肥厚而排水良好的山地生长较快；在寒凉较干、土层瘠薄的地方生长不良。柳杉根系较浅，抗风力差。对二氧化硫、氯气、氟化氢等有较好的抗性。

观赏特性

柳杉树姿秀丽，纤枝略垂，孤植、群植均极为美观，是良好的绿化和环保树种。

校园分布状况

九阶运动场旁。

11

★ 水杉

名　　称：水杉

科　　属：杉科水杉属

拉丁名：Metasequoia glyptostroboides Hu & W.C.Cheng

别　　名：水桫

▍形态特征

　　落叶乔木，高达40米，幼树树冠呈尖塔形，老树则为广圆头形；树皮为灰褐色或深灰色，裂成条片状脱落；叶交互对生，在绿色脱落的侧生小枝上排成羽状二列，扁平条形，柔软，几乎无柄；雌雄同株，球果下垂，当年成熟，果蓝色，可食用；种子倒卵形，扁平，周围有窄翅，先端有凹缺。每年2～3月开花，果实11月成熟。

▍生长习性

　　喜光，耐贫瘠和干旱，净化空气，生长缓慢，移栽容易成活。适宜温度为8～38℃。

▍观赏特性

　　水杉是国家一级重点保护树种，著名的孑遗植物，其树史可追溯到白恶纪。树干通直挺拔，高大秀颀。树冠呈圆锥形，姿态优美，叶色翠绿秀丽，枝叶繁茂。入秋后叶色金黄，是著名的庭院观赏树种和理想的园林绿化树种。可于公园、庭院、草坪、绿地中孤植，列植或群植；也可成片栽植营造风景林，并适配常绿地被植物；还可栽于建筑物前或用作行道树，效果均佳。

▍校园分布状况

　　中山梁运动场周围；四号教学楼南侧。

柏　科

★ 龙柏

名　　称：	龙柏
科　　属：	柏科圆柏属
拉丁名：	Sabina chinensis (L.) Ant.cv. Kaizuka
别　　名：	龙爪柏、爬地龙柏

▌ 形态特征

龙柏是圆柏的人工栽培变种，常绿小乔木，树冠圆柱状或塔形圆锥状，高可达4～8米。树皮呈深灰色，树干表面有纵裂纹。树叶大部分为鳞状（与桧的主要区别），少量为刺形叶，沿枝条紧密排列成十字对生。花（孢子叶球）单性，雌雄异株，于春天开花，花细小、淡黄绿色，并不显著，顶生于枝条末端。浆质球果，表面披有一层碧蓝色的蜡粉，内藏两颗种子。枝条长大时会呈螺旋状伸展，向上盘曲，好像盘龙姿态，故名"龙柏"。有特殊的芬芳气味，近处可嗅到。

▌ 生长习性

喜阳，稍耐阴。喜温暖、湿润环境，抗寒。抗干旱，忌积水，排水不良时易产生落叶或生长不良。适生于干燥、肥沃、深厚的土壤，对土壤酸碱度适应性强，较耐盐碱。对氧化硫和氯抗性强，但对烟尘的抗性较差。

▌ 观赏特性

由于树形优美，枝叶碧绿青翠，生长健康旺盛，观赏价值较高。龙柏为公园篱笆绿化首选苗木，多被种植于庭园作美化用途，也可用于公园、庭园、绿墙和高速公路中央隔离带等。

▌ 校园分布状况

图书馆花园。

★ 刺柏

名　称：	刺柏
科　属：	柏科刺柏属
拉丁名：	*Juniperus formosana Hayata*
别　名：	缨柏、台湾柏、山刺柏、刺松

形态特征

　　常绿小乔木或灌木，树皮褐色，纵裂，呈长条薄片脱落；树冠塔形，大枝斜展或直伸，小枝下垂，呈三棱形；叶全部刺形，坚硬且尖锐；雌雄同株或异株，球果近圆球形，肉质；有种子1～3粒，呈半月形，有3棱。花期4月，果实需要2年成熟。

生长习性

　　性喜冷凉气候，耐寒性强，对土壤要求不严，酸性土以及海边干燥的岩缝间和沙砾地均可生长。喜光，耐寒，耐旱，主侧根均甚发达，在干旱沙地、向阳山坡以及岩石缝隙处均可生长。

观赏特性

　　刺柏枝条斜展，小枝长而下垂，树冠呈塔形或圆柱形，姿态优美，体形秀丽，为优美的庭园观赏树。

校园分布状况

　　东坡苗圃。

罗 汉 松 科

★ 罗汉松

名　　称：罗汉松

科　　属：罗汉松科罗汉松属

拉丁名：Podocarpus macrophyllus（Thunb.）D.Don

别　　名：罗汉杉、长青罗汉杉、仙柏、罗汉柏、江南柏等

▎形态特征

常绿乔木，树冠广卵形。叶条状披针形，螺旋状着生，先端尖，两面中脉明显。雌雄异株或偶有同株。种子呈卵形，有黑色假种皮，着生于肉质而膨大的种托上，种托深红色，味甜可食。花期4~5月，果期8~9月。

▎生长习性

半阳性树种，耐寒性较弱，在半阴环境下生长良好。喜温暖湿润和肥沃沙质壤土。

▎观赏特性

树体可高达18米，通常会修剪以保持低矮；叶互生，以螺旋形状排列，种托大于种籽，成熟呈红色，加上绿色的种籽，好似光头的和尚穿着红色僧袍，故名罗汉松。由于罗汉松树形古雅，种子与种柄组合奇特，惹人喜爱，在南方的寺庙、宅院多有种植。

▎校园分布状况

图书馆北侧；西侧花园；5号阶梯教室旁。

木 兰 科

★ 紫玉兰

名　称：紫玉兰（木兰）

科　属：木兰科木兰属

拉丁名：Magnolia liliflora Desr

别　名：木兰、辛夷、木笔、望春

▍形态特征

　　落叶乔木或大灌木，高达3～5米，树皮为灰褐色，小枝绿紫色或淡褐紫色，皮孔明显，叶片椭圆形，花大，花瓣为6片，外面紫色或近于白色，花萼3片，早落。聚合果深紫褐色，圆柱形；成熟蓇葖近圆球形，顶端具短喙。花期3～4月，果期8～9月。

▍生长习性

　　喜温暖湿润和阳光充足的环境，较耐寒，但不耐旱和盐碱，怕水淹，要求肥沃、排水好的沙质土壤。

▍观赏特性

　　紫玉兰是著名的早春观赏花木，其花瓣"外斓斓似凝紫，内英英而积雪"。早春开花时，满树紫红色花朵，幽姿淑态，别具风情。

▍校园分布状况

　　东坡苗圃；幼儿园前。

★ 玉兰

名　称：玉兰（白玉兰）

科　属：木兰科木兰属

拉丁名：Magnolia denudate Desr.

别　名：木兰、望春花、玉兰花

形态特征

落叶乔木，高达15米。树冠卵形，大型叶为倒卵形，叶互生。花先于叶开放，直立，钟状，芳香，白色，有时基部带红晕。聚合果，种子心脏形，黑色。果穗圆筒形，褐色。果成熟后开裂，种子为红色。3～4月开花，8～9月果熟。

生长习性

喜温暖、向阳、湿润而排水良好的环境，要求土壤肥沃、不积水。有较强的耐寒能力，在-20℃的条件下可安全越冬。

观赏特性

玉兰花白如玉，花香似兰，其树型魁伟，高者可超过10米，常用于园林观赏。花盛开时，花瓣展向四方，使庭院青白片片，白光耀眼，具有很高的观赏价值。再加上玉兰花清香阵阵，沁人心脾，有"玉树"之称，是著名的早春花木。

校园分布状况

计算机实践教学中心南侧；网络中心楼南侧；东西干道；主楼背后。

★ 厚朴

名　称：厚朴

科　属：木兰科木兰属

拉丁名：*Magnolia officinalis Rehd. et Wils.*

别　名：油朴、厚皮、重皮、赤朴、烈朴、川朴

▌形态特征

　　落叶乔木，高达20米。树皮厚，褐色，不开裂，油润而带辛辣味。叶大，集生枝顶，长圆状倒卵形，下面被灰色柔毛和白粉，花白色，芳香。聚合果长圆状卵圆形。种子三角状倒卵形。花期5～6月，果期8～10月。

▌生长习性

　　厚朴为喜光的中生性树种，幼龄期需荫蔽；喜凉爽、湿润、多云雾、相对湿度大的气候环境。在土层深厚、肥沃、疏松、腐殖质丰富、排水良好的微酸性或中性土壤上生长较好。常混生于落叶阔叶林内，或生于常绿阔叶林区。

▌观赏特性

　　厚朴叶大荫浓，花洁白芳香，大而美丽，干直枝疏，为庭园观赏树及行道树。

▌校园分布状况

　　新镜十号楼旁。

★ 广玉兰

名　称：广玉兰

科　属：木兰科木兰属

拉丁名：Magnolia grandiflora L.

别　名：荷花玉兰

形态特征

广玉兰是常绿大乔木，树皮呈淡褐色或灰色，呈薄鳞片状开裂。枝与芽有铁锈色细毛。托叶与叶柄分离；叶革质，叶片呈椭圆形或倒卵状长圆形，上面深绿色而有光泽，背面有褐色短柔毛。花芳香，白色，呈杯状。聚合果短圆柱形，密被灰褐色绒毛。花期5～6月，果期10月。

生长习性

广玉兰生长喜光，幼时稍耐阴。喜温暖湿润气候，有一定的抗寒能力。适生于干燥、肥沃、湿润与排水良好的微酸性或中性土壤，在碱性土种植时易发生黄化，忌积水和排水不良。对烟尘及二氧化碳气体有较强的抗性，病虫害少。根系深广，抗风力强。特别是播种苗树干挺拔，树势雄伟，适应性强。

观赏特性

广玉兰树姿优雅，四季常青，病虫害少，因而是优良的行道树种，不仅可以在夏日为行人提供必要的庇荫，还能很好地美化街景。叶厚而有光泽，花大而香，树姿雄伟壮丽，为珍贵的树种之一；其聚合果成熟后，开裂露出鲜红色的种子也很美观。

校园分布状况

中山梁教学楼西侧；九阶运动场东侧。

★ 白兰

名　称：白兰

科　属：木兰科含笑属

拉丁名：Michelia alba DC.

别　名：白缅花、白兰花、缅桂花、黄桷兰

▌**形态特征** ────

　　常绿乔木，树皮灰色，幼枝和芽被白色柔毛。叶薄革质，互生，卵状椭圆形或长圆形。花白色，单花腋生，极香，聚合果近球形，由多数开裂的心皮组成，多不结实。花期4～9月。

▌**生长习性** ────

　　喜光照充足、暖热湿润和通风良好的环境。不耐寒，不耐阴，也怕高温和强光，宜排水良好、疏松、肥沃的微酸性土壤，最忌烟气、台风和积水。对二氧化硫、氯气抵抗性差，生长较快，萌芽力强。

观赏特性

　　白兰树姿优美，叶片清翠碧绿，花朵洁白，香如幽兰，花可佩戴，陈列于室内异香满室。株形直立有分枝，落落大方。在南方可露地庭院栽培，是南方园林中的骨干树种。除了可以花叶齐观，作为一种香料植物，白兰花还可以兼做香料和药用。白兰花含有芳香性挥发油、抗氧化剂和杀菌素等物质，可以美化环境、净化空气、香化居室，而且从中提取出的香精油与干燥香料物质，还能够用于美容、沐浴、饮食及医疗。

　　除此之外，白兰花还可用于熏制花茶。据有关资料记载，纯粹的白兰花茶"外形条索紧结重实，色泽墨绿尚润，香气鲜浓持久，滋味浓厚尚醇，汤色黄绿明亮，叶底嫩匀明亮"。

校园分布状况

　　九阶运动场北侧小花园。

★ 含笑

名　　称：含笑

科　　属：木兰科含笑属

拉丁名：Michelia figo (Lour.) Spreng.

别　　名：含笑美、含笑梅、香蕉花、香蕉灌木

▌形态特征

　　常绿性灌木或小乔木，高2～3米，小枝被棕色绒毛。叶革质，肥厚，倒卵状，椭圆形。初夏开花，花色为象牙黄，染红紫晕，开时常不满，如含笑状，有香蕉气味。直立状的花朵系单生于叶腋，花径约2～3公分，乳白色或淡黄色的花瓣通常为六片，花瓣常微张半开，又常稍往下垂，呈现犹如"美人含笑"般欲开还闭之状，在四川和邻近省份则因其花苞似梅而被称作"含笑梅"。聚合果，蓇葖扁圆。花期3～5月，果期7～8月。

▌生长习性

　　含笑比较适合生长于微酸性土壤，性喜温暖、湿润的气候，不宜暴晒，不耐严寒。

▌观赏特性

　　含笑花为著名的芳香花木，苞润如玉，香幽若兰，向日嫣然，临风莞尔，绿叶素荣，树枝端雅。盛花时，陈列室内，香味四溢，是花叶兼美的观赏性植物。在我国，含笑花向来就是众人所熟悉和喜爱的观花型植物。

▌校园分布状况

　　明诚堂；新镜住宅区。

★ 深山含笑

名　称：深山含笑

科　属：木兰科含笑属

拉丁名：Michelia maudiae Dunn

别　名：光叶白兰、莫氏含笑

▌ 形态特征

　　常绿乔木，高达20米，各部均无毛；树皮薄、浅灰色或灰褐色；芽、嫩枝、叶下面、苞片均被白粉。叶革质，长圆状椭圆形，叶柄1～3厘米，无托叶痕。花期2～3月，果期9～10月。

▌ 生长习性

　　喜温暖、湿润环境，有一定耐寒能力。喜光，幼时较耐阴。

▌ 观赏特性

　　树形端庄，枝叶光洁，花大而洁白，是早春优良芳香观花树种，也是优良的园林和四旁绿化树种。木质好，适应性强，繁殖容易，病虫害少，是速生常绿阔叶用材树种。

▌ 校园分布状况

　　九阶花园旁。

★ 峨眉含笑

名　称：峨眉含笑

科　属：木兰科含笑属

拉丁名：Michelia wilsonii Finet et Gagnep

别　名：威氏黄心树、眉白兰木兰

▌形态特征

　　常绿乔木，高达20米。叶厚革质，倒披针形或窄倒卵形，表面绿色，有光泽，背面灰白色，疏被白色有光泽的平伏短毛，有托叶痕。花单生叶腋，淡黄色，具芳香，聚合果，种子1~2粒，红色。花期3~5月，果期8~9月。

▌生长习性

　　中性偏阴树种，喜温暖湿润气候。根系发达，适于土层深厚、腐殖质较丰富的酸性或微酸性的沙质黄土壤。能自播繁殖。

▌观赏特性

　　峨眉含笑树冠碧绿，花色素雅、芳香，可供园林栽培观赏，也可作适生地区的主要造林树种。残遗树种，被列为国家二级保护植物。

▌校园分布状况

　　中山梁。

★ 鹅掌楸

名　称：	鹅掌楸
科　属：	木兰科鹅掌楸属
拉丁名：	Liriodendron chinensis (Hemsl.) Sarg
别　名：	马褂木、双飘树

形态特征

　　落叶乔木，叶互生，形如马褂（叶片的顶部平截犹如马褂的下摆）；叶片的两侧平滑或略微弯曲，好像马褂的两腰；叶片的两侧端向外突出，仿佛是马褂伸出的两只袖子。花单生枝顶，形似郁金香。因此，它的英文名称是"Chinese Tulip Tree"，译成中文就是"中国的郁金香树"。雄蕊多数，雌蕊多数，聚合果纺锤形。花期5～6月，果期9～10月。

生长习性

　　性喜光及温和湿润气候，有一定的耐寒性，喜深厚肥沃、适湿而排水良好的酸性或微酸性土壤（pH4.5～6.5），在干旱土地上生长不良，也忌低湿水涝。

观赏特性

　　鹅掌楸树形端正，叶形奇特，是优美的庭荫树和行道树种，与悬铃木、椴树、银杏、七叶树并称为世界五大行道树种。花淡黄绿色，美而不艳，最宜植于园林中的安静休息区的草坪中。秋叶呈黄色，很美丽，可独栽或群植。

校园分布状况

　　1号点式楼旁。

樟 科

★ 樟树

名　称：樟树

科　属：樟科樟属

拉丁名：Cinnamomum camphora (L.) Presl.

别　名：香樟、木樟、乌樟、芳樟树、番樟、香蕊、樟木子

形态特征

　　常绿乔木，高可达50米。树皮幼时绿色，平滑；老时渐变为黄褐色或灰褐色纵裂。叶互生薄革质，卵形或椭圆状卵形，花黄绿色，春天开，圆锥花序腋出，又小又多。球形的小果实成熟后为黑紫色。花期4~5月，果期8~11月。

生长习性

　　樟树喜光，稍耐荫；喜温暖湿润气候，耐寒性不强，对土壤要求不严，较耐水湿，不耐干旱、瘠薄和盐碱土。主根发达，深根性，能抗风。萌芽力强，耐修剪。生长速度中等，树形巨大如伞，能遮阴避凉。

观赏特性

　　樟树树龄有成百上千年的，可称为参天古木，为优秀的园林绿化林木。枝叶茂密，冠大荫浓，树姿雄伟，能吸烟滞尘、涵养水源、固土防沙和美化环境，是城市绿化的优良树种，广泛用作庭荫树、行道树、防护林及风景林。配植于池畔、水边、山坡等，也可在草地中丛植、群植、孤植或作为背景树。

校园分布状况

　　峨眉校园各处均有分布，家属区；枫林桥两侧；运动场周边；东坡成片分布；主楼东侧；交大花园家属区作为行道树。

★ 天竺桂

名　称：天竺桂

科　属：樟科樟属

拉丁名：Cinnamomum chekiangense Nakai

别　名：浙江樟、普陀樟、天竹桂、山肉桂、野桂

▌形态特征

常绿乔木，枝条细弱，圆柱形，树皮光滑不开裂，叶近对生或在枝条上部者互生，卵圆状长圆形至长圆状披针形，叶柄粗壮，腹凹背凸，红褐色，无毛。圆锥花序腋生，果长圆形，花期4～5月，果期10～11月。

▌生长习性

中性树种，幼年期耐阴。喜温暖湿润气候，在排水良好的微酸性土壤上生长最好，中性土壤亦能适应。

▌观赏特性

树干通直，树姿优美，四季常绿，是优良的园林造景树种，可供行道树和园景树。枝叶茂密，抗污染，隔声效果好，可作园区绿化和防护林带树种。

▌校园分布状况

西山梁宿舍区；公安基地住宅区；工会南侧路；路南3栋、4栋旁；点式1号楼旁道路。

★ 楠木

名　称： 楠木（桢楠）

科　属： 樟科楠木属

拉丁名： Phoebe zhennan S. Lee et F. N. Wei.

别　名： 桢楠（成都）、雅楠（中国树木分类学）、楠树

▌形态特征

楠木为常绿大乔木，高可达30米，树干通直，小枝较细，被灰黄色或灰褐色柔毛。叶革质，椭圆形，少为披针形或倒披针形，背面密被柔毛。聚伞状圆锥花序十分开展，果椭圆形。花期4～5月，果期9～10月。

▌生长习性

中性树种，生长慢，寿命长。幼时耐荫性较强，喜温暖湿润气候及肥沃、湿润而排水良好之中性或微酸性土壤。

▌观赏特性

楠木，是一种极高档之木材，其色浅橙黄略灰，纹理淡雅文静，质地温润柔和，无收缩性，遇雨有阵阵幽香。南方诸省均产，唯四川产为最好。树干通直，树冠雄伟，叶终年不谢，为很好的绿化树种。木材有香气，纹理直而结构细密，不易变形和开裂，为建筑、高级家具等的优良木材。

▌校园分布状况

东坡苗圃。

毛 茛 科

★ 牡丹

名　称：牡丹

科　属：毛茛科芍药属

拉丁名：Paeonia suffruticosa Andr.

别　名：木芍药、百雨金、洛阳花、富贵花等

▎形态特征

牡丹为多年生落叶小灌木，生长缓慢，株型小，株高多在0.5～2米；根肉质，粗而长，中心木质化；根皮和根肉的色泽因品种而异；枝干直立而脆，圆形，为从根茎处丛生数枝而成灌木状，当年生枝光滑，黄褐色，常开裂而剥落；叶互生，叶片通常为二回三出复叶；花单生于当年枝顶，两性，花大色艳，形美多姿。花期4～5月，果期9月。

▎生长习性

喜温暖、干凉、阳光充足，通风干燥的独特环境，较耐寒，不耐热。要求疏松、肥沃、排水良好的中性土壤或沙土壤，忌在黏重土壤或低温处栽植。

观赏特性

　　牡丹花大而美，姿、色、香兼备，是我国传统的木本名贵花卉，素有"百花之王"之称，是富贵吉祥、和平幸福、繁荣昌盛的象征，代表着雍容华贵、富丽高雅的文化品位。

校园分布状况

　　200米铁路线。

小 檗 科

★ 十大功劳

名　称：十大功劳（狭叶十大功劳）

科　属：小檗科十大功劳属

拉丁名：Mahonia fortunei（Lindl.）Fedde

别　名：柳叶十大功劳、黄尺竹、老鼠刺、小黄连等

▌ 形态特征

　　常绿灌木。茎杆直立，分枝力弱。株高可达2米，茎杆有节而多棱。叶革质，奇数羽状复叶，正面为暗绿色，背面黄绿色，边缘有刺针状锯齿，表面平滑光泽。花黄色，总状花序，果实蓝黑色，外被白粉。花期7～9月，果期10～11月。

生长习性

　　耐荫，也较耐寒，喜温暖湿润气候及肥沃湿润排水良好之土壤；耐旱，对土壤要求不严，在酸性、中性土壤中均能生长。

观赏特性

　　枝干挺直，叶形奇特，花朵鲜黄，十分典雅，叶、干、植株都能引人注目。十大功劳枝干酷似南天竹，栽在房屋后、庭院、园林围墙作为基础种植，颇为美观。在园林中可植为绿篱、果园、菜园的四角作为境界林，还可盆栽放在门厅入口、会议室、招待所、会议厅等处，清幽可爱，作为切花更为独特。

校园分布状况

　　枫林桥。

★ 南天竹

名　称：南天竹

科　属：小檗科南天竹属

拉丁名：Nandina domestica Thunb

别　名：红杷子、天烛子、红枸子、钻石黄、天竹、兰竹

▌ 形态特征

　　常绿灌木，株高约2米，直立，少分枝。老茎为浅褐色，幼枝为红色。叶对生，二至三回奇数羽状复叶，小叶革质椭圆状披针形。圆锥花序顶生；花小，白色。浆果球形，鲜红色，宿存至翌年2月，果熟期9～10月。

▌ 生长习性

　　喜温暖多湿及通风良好的半阴环境，较耐寒，能耐微碱性土壤。

▌ 观赏特性

　　植株优美，果实鲜艳，对环境的适应性强，主要用作园林内的植物配置。作为花灌木，可以观其鲜艳的花果，也可作室内盆栽，或者观果切花。

▌ 校园分布状况

　　大板学生宿舍区；幼儿园后；图书馆等。

蔷 薇 科

★ 枇杷

名　称：枇杷

科　属：蔷薇科枇杷属

拉丁名：Eriobotrya japonica (Thunb.) Lindl.

别　名：芦橘、金丸、芦枝

形态特征

常绿小乔木，小枝密生锈色或灰棕色绒毛。叶片革质，披针形、长倒卵形或长椭圆形，圆锥花序花多而紧密；花序梗、花柄密生锈色绒毛；花白色，芳香，梨果近球形或长圆形，黄色或橘黄色，外有锈色柔毛，后脱落，果实大小、形状因品种不同而异。花期10～12月，果期次年5～6月。因其叶形似琵琶而得名。

生长习性

喜光，稍耐阴，喜温暖气候和肥水湿润、排水良好的土壤。稍耐寒，不耐严寒，生长缓慢。在平均温度12～15℃以上，冬季不低于−5℃，花期、幼果期不低于0℃的地区，都能生长良好。

观赏特性

枇杷树形整齐美观，叶大荫浓，四季常春。春萌新叶白毛茸茸，秋孕冬花，春实夏熟。在绿叶丛中，累累金丸，古人称其为佳实，是绿化结合生产的良好树种。

校园分布状况

东坡苗圃；交大花园住宅区。

★ 贴梗海棠

名　称：贴梗海棠

科　属：蔷薇科木瓜属

拉丁名：Chaenomeles speciosa（Sweet）Nakai

别　名：铁脚海棠、铁杆海棠、皱皮木瓜、川木瓜、宣木瓜

▌形态特征

落叶灌木，高达2米，枝直立或平展，有刺，叶片卵形至椭圆形，稀长椭圆形，花2～6朵簇生于二年生枝上，先叶而开或与叶同放，花梗粗短，梨果球形至卵形，黄色或黄绿色，有不明显的稀疏斑点，芳香，果梗短或近于无。花期3～5月，果期9～10月。

▌生长习性

喜光，较耐寒，不耐水淹，对土壤要求不严，耐修剪。

▌观赏特性

贴梗海棠的花色红黄杂糅，相映成趣，是良好的观花、观果花木。花朵鲜润丰腴、绚烂耀目，加上它的花瓣光洁剔透，非常美丽。

▌校园分布状况

图书馆花园。

★ 垂丝海棠

名　　称：垂丝海棠

科　　属：蔷薇科苹果属

拉丁名：Malus halliana (Voss.) Koehne

别　　名：海棠、海棠花、垂枝海棠

形态特征

　　落叶小乔木，树冠广卵形，枝开张，叶椭圆形至长椭圆形互生，花5～7朵簇生，伞总状花序，花梗细长，下垂，未开时为红色，开后渐变为粉红色，多为半重瓣，也有单瓣花，梨果球状，黄绿色。常见的变种垂丝海棠有两种，一种为重瓣垂丝海棠，花为重瓣；另一种为白花垂丝海棠，花近白色，小而梗短。

生长习性

垂丝海棠性喜阳光，不耐阴，也不甚耐寒，爱温暖湿润环境，适生于阳光充足、背风之处。土壤要求不严，微酸或微碱性土壤均可成长，但以土层深厚、疏松、肥沃、排水良好略带黏质的生长环境更好。

观赏特性

垂丝海棠花色艳丽，花姿优美，花朵簇生于顶端，花瓣呈玫瑰红色，朵朵弯曲下垂，如遇微风飘飘荡荡，娇柔红艳。远望犹如彤云密布，美不胜收，是深受人们喜爱的庭院木本花卉。垂丝海棠柔蔓迎风，垂英凫凫，如秀发遮面的淑女，脉脉深情，风姿怜人。宋代杨万里诗中："垂丝别得一风光，谁道全输蜀海棠。风搅玉皇红世界，日烘青帝紫衣裳。懒无气力仍春醉，睡起精神欲晓妆。举似老夫新句子，看渠桃杏敢承当。"形容妖艳的垂丝海棠鲜红的花瓣把蓝天、天界都搅红了，闪烁着紫色的花萼如紫袍，柔软下垂的红色花朵如喝了酒的少妇，玉肌泛红，娇弱乏力，其姿色、妖态更胜桃、李。

校园分布状况

中山梁教学区；1号点式楼周边。

★ 月季花

名　　称：	月季花
科　　属：	蔷薇科蔷薇属
拉丁名：	Rosa chinensis Jacq.
别　　名：	月月红、四季花、瘦客、胜春、胜红

形态特征

月季为半常绿或落叶灌木，或蔓状与攀援状藤本植物。茎为棕色偏绿，具有钩刺或无刺，小枝绿色，叶为墨绿色，叶互生，奇数羽状复叶，花生于枝顶，花色甚多，色泽各异，花有微香，花期4～10月，肉质蔷薇果，成熟后呈红黄色。

生长习性

适应性强，耐寒、耐旱，对土壤要求不严格，但以富含有机质、排水良好的微带酸性沙壤土最好。喜欢阳光，但是过多的强光直射又对花蕾发育不利，花瓣容易焦枯，喜欢温暖，一般22～25℃为花生长的最适宜温度，夏季高温对开花不利。

观赏特性

月季可用于园林布置花坛、花境、庭院花材，可制作月季盆景，作切花、花篮、花束等。

校园分布状况

东坡苗圃。

★ 重瓣白木香

名　称：重瓣白木香

科　属：蔷薇科蔷薇属

拉丁名：Rosa banksiae Ait var Albo-Plena.

形态特征

常绿或半常绿藤本，羽状复叶，茎长达6米，树皮红褐色，薄条状剥落；小枝绿色，光滑，无刺或疏生钩状刺。奇数羽状复叶，小叶3～5片，少数7片，椭圆形至长椭圆状披针形，端尖或略钝，边缘有细锯齿，暗绿色，有光泽。4～7月开花，花白色，重瓣，芳香，3～15朵排成伞形花序。果红色球形，9~10月成熟。

生长习性

喜光，耐半阴，较耐寒。喜排水良好的沙质壤土，在过湿处生长不良。耐修剪。

观赏特性

南方庇荫优良藤本，花叶繁茂，花香馥郁，常作花篱、棚架、花墙、花门的常用材料。

校园分布状况

图书馆前棚架。

★ 紫叶李

名　称：紫叶李

科　属：蔷薇科李属

拉丁名：*Prunus cerasifera* cv. *Pissardii*.

别　名：红叶李、樱桃李

形态特征

紫叶李是樱桃李的变种，落叶小乔木，树皮灰紫色，小枝淡红褐色，整株树杆光滑无毛。单叶互生，叶卵圆形或长圆状披针形，紫红色。花单生或2朵簇生，白色。花期4~5月，果6~7月成熟，常早落。

生长习性

紫叶李喜光也稍耐阴，抗寒，适应性强，以温暖湿润的气候环境和排水良好的沙质土壤最为适宜。浅根性，萌蘖性强，对有害气体有一定的抗性。

观赏特性

紫叶李叶为紫红色，是著名观叶树种，孤植群植皆宜，能衬托背景。小小的花，粉中透白，在紫色叶子的衬托下，煞是好看。尤其是紫色发亮的叶子，在绿叶丛中，像一株株永不败的花朵，在青山绿水中形成一道靓丽的风景线。可列植于街道、花坛、建筑物四周，公路两侧等。

校园分布状况

中山梁教学区。

★ 桃

名　称：桃

科　属：蔷薇科李属

拉丁名：Amygdolus persical

别　名：红桃、碧桃、绯桃、缃桃、白桃、乌桃、金桃、银桃、胭脂桃

形态特征

　　桃树为落叶小乔木，树冠开展。小枝红褐色或褐绿色。单叶互生，椭圆状披针形，先端长尖，边缘有细锯齿。花期3～4月，花单生，花有红、紫、白、千叶单瓣的区别，无柄，通常粉红色，单瓣。果实6～9月成熟，核果卵球形，表面有短柔毛。

生长习性

　　桃树喜光、耐旱、极不耐涝，耐寒力强。对土壤条件要求不太严格，栽培管理容易。

观赏特性

　　桃花为园林中不可缺少的春季花木，开花时红霞耀眼，芳菲满目，与柳树配在一起，桃红柳绿相映成趣，春色明媚。在湖滨、溪流、道路两边以及公园草地、庭园等处都宜栽种。也可盆栽、切花及制作桩景。

校园分布状况

　　图书馆北侧花园；上明湖边。

★ 日本晚樱

名　称：	日本晚樱
科　属：	蔷薇科李属
拉丁名：	Prunus serrulata var.lannesiana (Carr.) Rehd.
别　名：	东京樱花、江户樱花、八重樱

形态特征

日本晚樱为落叶乔木，少数为常绿或灌木。树皮带银灰色。叶片椭圆状，叶缘具渐尖重锯齿，齿端有长芒。花3~6朵成伞房状总状花序，花序梗短；花大，重瓣，具芳香，先于叶开放，初放时淡红色，后白色，核果近球形，熟时由红色变紫褐色。花期3月底或4月初。

生长习性

阳性，喜温湿气候，较耐寒、耐旱。

观赏特性

樱花花色丰富，花期整齐，常常一夜之间就能繁花满枝，但花期很短，大多数只能维持1周左右。樱花一般先于叶或者与叶同时开放，春季萌发的新叶有嫩绿色和茶褐色两种，这是鉴别樱花品种的重要依据。

校园分布状况

五号阶梯教室；主干道旁。

★ 野樱桃 / 缠条子

名　　称：野樱桃 / 缠条子

科　　属：蔷薇科李属

拉丁名：Cerasus szechuanica（Batal.）Yü et Li

别　　名：四川樱桃、盘腺樱桃

形态特征

　　小乔木或灌木，小枝灰色或红褐色，无毛或被稀疏柔毛。叶片卵状椭圆形，倒卵状椭圆形或长椭圆形，花序近伞房总状。花期4~6月，果期6~8月。

生长习性

　　喜光，稍耐阴，较耐寒，对土壤要求不严，耐瘠薄。

观赏特性

　　花果繁茂，色红，果大，有很好的观赏效果。

校园分布状况

　　中山梁教学区。

★ 梅花

名　称：	梅花
科　属：	蔷薇科李属
拉丁名：	Prunus mume Sieb. Et Zucc (Armeniaea mume Sieb.)
别　名：	酸梅、梅、合汉梅、白梅花、绿萼梅、绿梅花

形态特征

　　落叶小乔木，稀灌木，树形开展，树皮浅灰色或带绿色，平滑；小枝绿色，光滑无毛。叶片卵形或椭圆形，花单生或2朵并生，先叶开放，有香味。果实近球形。花期冬春季，果期5～6月。

生长习性

　　梅喜温暖气候，耐寒性不强，较耐干旱，不耐涝，寿命长，可达千年；花期对气候变化特别敏感，梅喜空气湿度较大，但花期忌暴雨。

观赏特性

　　梅原产于我国南方，已有三千多年的栽培历史，苍劲古雅，疏枝横斜，花先叶开放，傲霜斗雪，色、香、态俱佳，是我国名贵的传统花木。许多类型不但可露地栽培供观赏，还可以栽为盆花，制作梅桩。

校园分布状况

　　风洞实验室旁；主楼前；东西干道。

蜡 梅 科

★ 蜡梅

名　称：蜡梅

科　属：蜡梅科蜡梅属

拉丁名：Chimonanthus praecox (L.) Link

别　名：腊梅、蜡花、蜡梅花、蜡木、冬梅、雪梅、寒梅等

▍ 形态特征

　　落叶灌木，常丛生，叶对生，纸质，椭圆状卵形至卵状披针形，先端渐尖，全缘，芽具多数覆瓦状鳞片。冬末先叶开花，花单生于一年生枝条叶腋，有短柄及杯状花托，花被多片呈螺旋状排列，黄色，带蜡质，花期12月至翌年1月，有浓芳香。瘦果多数，6～8月成熟。

▍ 生长习性

　　蜡梅性喜阳光，亦耐半阴。怕风，较耐寒，在不低于−15℃时能安全越冬。萌芽力强，耐修剪。

▍ 观赏特性

　　蜡梅花开于寒月早春，花黄如腊，清香四溢，为冬季观赏佳品，是我国特有的珍贵观赏花木。一般以孤植、对植、丛植、群植配置于园林与建筑物的入口处两侧和厅前、亭周、窗前屋后、墙隅及草坪、水畔、路旁等处，作为盆花桩景和瓶花亦具特色。我国传统上喜欢配植南天竹，冬天时红果、黄花、绿叶交相辉映，可谓色、香、形三者相得益彰，更具中国园林的特色。

▍ 校园分布状况

　　校园各处均有分布。

豆 科

★ 山合欢

名 称：山合欢

科 属：含羞草科合欢属

拉丁名：Albizia kalkora (Roxb.) Prain

别 名：山槐

▌形态特征

    落叶乔木，高可达15米，小枝棕褐色。二回羽状复叶互生，羽片2～4对，小叶5～14对，长圆形，顶端圆形而有细尖，基部近圆形，偏斜，中脉显著偏向叶片的上侧，两面密生短柔毛。头状花序，2～3个生于上部叶腋或多个排成顶生伞房状；花丝黄白色或粉红色。荚果长7～17厘米，宽1.5～3厘米，深棕色。花期5～7月，果期9～11月。

生长习性

喜光，速生，萌芽力强，耐干旱瘠薄生境。

观赏特性

树冠开展，树姿优美，叶形雅致，是一种优良的观花树种，可用作庭荫树和行道树，或用于园林绿化。

校园分布状况

四号桥东侧。

★ 金合欢

名　称：	金合欢
科　属：	含羞草科金合欢属
拉丁名：	Acacia farnesiana (L.) Willd.
别　名：	鸭皂树、刺球花、消息树、牛角花

形态特征

　　灌木或小乔木，高2～4米；树皮粗糙，褐色，多分枝，小枝常呈"之"字形弯曲，有小皮孔。托叶针刺状，刺长1～2厘米，生于小枝上的较短，二回羽状复叶，头状花序，花黄色，有香味。荚果膨胀，近圆柱状褐色，无毛，劲直或弯曲；种子多颗，褐色，卵形，长约6毫米。花期3～6月，果期7～11月。

生长习性

　　金合欢性喜温暖和阳光照射的环境，要求土壤疏松肥沃、腐殖质含量高、湿润透气的沙质微酸性土壤。

观赏特性

　　金合欢树态端庄优美，春叶嫩绿，意趣浓郁，冠幅圆润，呈现出迎风招展的英姿。金合欢不但是园林绿化、美化的优良树种，还是公园、庭园的观赏植物。适宜家庭盆栽，它的树态、叶片、花姿极其优美，开放方式特别，花极香。

校园分布状况

　　枫林桥附近。

51

★ 紫荆

名　称：紫荆

科　属：苏木科紫荆属

拉丁名：Cercis chinensis Bunge

别　名：满条红、苏芳花、紫株、乌桑、箩筐树

形态特征

　　紫荆为落叶乔木或灌木。单叶互生，叶卵圆形，叶顶端渐尖，基部心形，全缘，叶脉掌状，有叶柄，托叶小，早落。花紫红色，于老干上簇生或成总状花序，先于叶或和叶同时开放，荚果扁平，狭长椭圆形，种子扁，数颗。花期4～5月，果期9～10月。

生长习性

　　紫荆性喜光照，有一定的耐寒性。喜肥沃、排水良好的土壤，不耐淹。萌蘖性强，耐修剪。

观赏特性

　　紫荆干直出丛生，早春先叶开花，花形似蝶，密密层层，满树嫣红，是春季重要的观赏灌木。

校园分布状况

　　新镜住宅区。

★ 龙牙花

名　称：龙牙花

科　属：豆科刺桐属

拉丁名：Erythrina corallodendron L.

别　名：象牙红、珊瑚刺桐

▎形态特征

　　龙牙花为灌木或小乔木，树干和分枝上有刺。三出羽状复叶，总状花序腋生，初被柔毛，后渐脱落，先叶开放，或与叶同时开放；花大，红色，长4～6厘米；萼钟状，口部斜截形，有刺芒状萼齿；花瓣长短不齐，旗瓣椭圆形，荚果带状，长10厘米；种子深红色，有黑斑。花期6～11月。

▎生长习性

　　龙牙花喜高温多湿和阳光充足的环境，不耐寒，稍耐阴，宜在排水良好、肥沃的沙壤土中生长。

▎观赏特性

　　龙牙花花开时由于为数众多兼艳丽，有如海中的珊瑚一般故又有珊瑚刺桐之称。龙牙花因花色红艳夺目，远看犹如一支支红色的象牙突出于绿叶丛中，故而有象牙红之称。龙牙花于开花时，弯刀状的红花像公鸡头上的羽毛般昂扬，因而有鸡公树之称。龙牙花于秋季时全株长满小叶，冬季落叶，相传早期农民依靠它四季分明的特性来辨年识月，故而有四季树之称。

　　龙牙花红叶扶疏，初夏开花，深红色的总状花序好似一串红色月牙，艳丽夺目，适用于公园和庭院栽植，若盆栽可用来点缀室内环境。

▎校园分布状况

　　国旗台前；幼儿园周围。

★ 刺桐

名　　称：刺桐

科　　属：豆科刺桐属

拉丁名：Erythrina variegata Linn.

别　　名：山芙蓉、空桐树、木本象牙红

形态特征

　　刺桐为落叶乔木，高和冠幅均可达10米，分枝粗壮，铺展。树皮为灰色，有圆锥形刺。叶为羽状三出叶互生，膜质，平滑，幼嫩时有毛，小叶3枚，顶部1枚宽大于长。先花后叶，早春枝端抽出总状花序，长15厘米，花大，蝶形密集，有橙红、紫红等色。荚果壳厚，念珠状，种子暗红色。花期3～5月，果期9～10月。

生长习性

　　喜温暖湿润、光照充足的环境，耐旱也耐湿，对土壤要求不严，宜肥沃排水良好的沙质土壤，不甚耐寒。

观赏特性

　　刺桐枝叶扶疏，早春先叶开花，红艳夺目。适合单植于草地或建筑物旁，可供公园、绿地及风景区美化，又是公路及市街的优良行道树。

校园分布状况

　　中山梁教学区。

★ 紫藤（藤萝）

名　　称：紫藤（藤萝）

科　　属：豆科紫藤属

拉丁名：Wisteria sinensis（Sims）Sweet

别　　名：朱藤、招藤、招豆藤、藤萝

▎形态特征

　　紫藤为落叶藤本。茎左旋，枝较粗壮，嫩枝被白色柔毛，后秃净，冬芽卵形。奇数羽状复叶，总状花序下垂，花蓝紫色，花冠蝶形，荚果倒披针形，种子褐色，具光泽，圆形。花期4月中旬至5月上旬，果期5～8月。

▎生长习性

　　紫藤为温带植物，对气候和土壤的适应性强，较耐寒，能耐水湿及瘠薄土壤，喜光，较耐阴。以土层深厚，排水良好，向阳避风的地方栽培最适宜。主根深，侧根浅，不耐移栽。生长较快，寿命很长。缠绕能力强，对其他植物有"绞杀"作用。

▎观赏特性

　　紫藤是优良的观花藤木植物，一般应用于园林棚架，春季紫花烂漫，别有情趣，适栽于湖畔、池边、假山、石坊等处，具独特风格，盆景也常用。在绿化中已得到广泛应用，尤其在立体绿化中发挥着举足轻重的作用。它不仅可达到绿化、美化效果，同时也发挥着增氧、降温、减尘、减少噪音等作用。

▎校园分布状况

　　东坡苗圃；枫林桥。

★ 刺槐

名　称：	刺槐
科　属：	豆科刺槐属
拉丁名：	Robinia pseudoacacia Linn.
别　名：	洋槐

▌形态特征

刺槐为落叶乔木，树皮灰黑褐色，纵裂；枝具托叶性针刺，小枝灰褐色，奇数羽状复叶，总状花序腋生；荚果扁平，线状长圆形，褐色，光滑，含3～10粒种子，二瓣裂。花期4～5月，果期9～10月。

▌生长习性

刺槐为强阳性树种，喜光。不耐荫，喜干燥、凉爽气候，较耐干旱、贫瘠，能在中性、石灰性、酸性及轻度碱性土上生长。虽有一定抗旱能力，但在久旱不雨的严重干旱季节往往枯梢。不耐水湿，怕风。生长快，是世界上重要的速生树种。

▌观赏特性

刺槐树冠高大，叶色鲜绿，每当开花季节绿白相映，素雅而芳香。可作为行道树，庭荫树。冬季落叶后，枝条疏朗向上，很像剪影，造型有国画韵味。

▌校园分布状况

中学楼旁。

★ 龙爪槐

名　　称：龙爪槐

科　　属：豆科槐属

拉丁名：Sophora japonica 'Pendula'.

别　　名：垂槐、盘槐

形态特征

龙爪槐为落叶乔木，小枝弯曲下垂，树冠如伞，状态优美，枝条构成盘状，上部蟠曲如龙，老树奇特苍古。树势较弱，主侧枝差异性不明显，大枝弯曲扭转，小枝下垂，冠层可达50～70厘米厚，层内小枝易干枯。

观赏特性

龙爪槐观赏价值很高，叶、花供观赏，其姿态优美，是优良的园林树种。宜孤植、对植、列植。目前园林绿化应用较多，常作为门庭及道旁树，或作庭荫树，或置于草坪中作观赏树。

生长习性

龙爪槐喜光，稍耐阴，能适应干冷气候。喜生于土层深厚，湿润肥沃、排水良好的沙质土壤。深根性，根系发达，抗风力强，萌芽力亦强，寿命长。

校园分布状况

校前区南门广场；图书馆前。

★ 双荚槐

名　称：	双荚槐
科　属：	豆科苏木亚科决明属
拉丁名：	Casin bicapsularis.L
别　名：	双荚黄槐、双荚决明

▌ 形态特征

　　双荚槐为常绿灌木，老枝灰色，枝绿色，皮孔明显，偶数羽状复叶，小叶2～4对，长圆形或倒长卵形，小叶1～2对间具突起腺体。荚果细条状，长2～18厘米。直径0.8厘米。种子有光泽，呈圆肾形。花期9～12月。

▌ 生长习性

　　双荚槐生长旺盛，喜光，稍耐阴，生长快，宜在疏松、排水良好的土壤中生长，在肥沃土壤中开花旺盛。耐修剪，可作秋季盆花，−5℃不凋叶。

▌ 观赏特性

　　双荚槐是一种生长快、花期长、花多、花大、色艳、适应性强、管理方便的优良园林植物，又是夏秋枯花季节表现出色块亮丽的一种花灌木。

▌ 校园分布状况

　　大板宿舍区；交大花园。

★ 羊蹄甲

名　称：羊蹄甲

科　属：豆科羊蹄甲属

拉丁名：Bauhinia purpurea L.

别　名：玲甲花、紫羊蹄甲

▌形态特征

　　羊蹄甲为常绿乔木或直立灌木，树冠卵形，枝低垂，树皮厚，近光滑，灰色至暗褐色；叶硬纸质，近心形。伞房花序腋生或顶生，花紫红色、白色或粉红色，秋末冬初开放，有香气。荚果带状，扁平，成熟时开裂，木质的果瓣扭曲将种子弹出；种子近圆形，扁平。花期9～11月，果期2～3月。

▌生长习性

　　羊蹄甲喜阳光和温暖、潮湿环境，不耐寒。

▌观赏特性

　　羊蹄甲花期长，花朵繁盛，花色多艳丽，广泛栽培于庭园供观赏及作行道树。

▌校园分布状况

　　200米铁路线。

★ 油麻藤

名　　称：油麻藤

科　　属：豆科油麻藤属

拉丁名：Mucuna sempervirens Hemsl.

别　　名：常春油麻藤、常绿油麻藤、大血藤

形态特征

油麻藤为常绿木质藤本，茎蔓长达20米，粗达30厘米。茎棕色或黄棕色，粗糙；小枝纤细、淡绿色，光滑无毛。复叶互生，小叶3枚；顶端小叶卵形或长方卵形，长7~12厘米，宽5~7厘米，先端尖尾状，基部阔楔形；两侧小叶长方卵形，先端尖尾状，基部斜楔形或圆形，小叶均全缘，绿色无毛。总状花序，花大，下垂；花萼外被浓密绒毛，钟裂，裂片钝圆或尖锐；花冠深紫色或紫红色；荚果扁平，木质，密被金黄色粗毛；种子扁，近圆形，棕色。花期4~5月，果期9~10月。

生长习性

油麻藤喜光，喜温暖湿润气候，耐荫，耐旱，畏严寒。对土壤要求不严，适应性强，但以排水良好的石灰质土壤最为适宜。

观赏特性

油麻藤生长迅速、四季常绿，蔓茎粗壮，叶繁荫浓，花朵鲜艳美观，花序悬挂于盘曲老茎，形如小鸟，奇丽美观，是优良蔽荫、观花藤本植物。适用于大型棚架、绿廊、墙垣等攀援绿化。可作堡坎、陡坡、岩壁等垂直绿化，可修整形成不同形状的景观灌木，也可用于隐蔽掩体绿化，还可用于高速公路护坡绿化，形成独特的景观。因其生命顽强，能盘树缠绕、攀石穿缝，也可在园林中用于山岩、叠石、林间配置，颇具自然野趣。

校园分布状况

上明湖。

山茱萸科

★ 桃叶洒金珊瑚

名　称：桃叶洒金珊瑚

科　属：山茱萸科桃叶珊瑚属

拉丁名：Aucuba japonica cv. Variegata

别　名：洒金珊瑚、黄叶日本桃叶珊瑚

形态特征

桃叶洒金珊瑚为常绿灌木，高可达3米。丛生，树冠球形。树皮初时绿色，平滑，后转为灰绿色。叶对生，肉革质，矩圆形，缘疏生粗齿牙，两面油绿而富光泽，叶面黄斑累累，酷似洒金。花单性，雌雄异株，为顶生圆锥花序，花紫褐色。核果长圆形。

生长习性

桃叶洒金珊瑚适应性强。性喜温暖阴湿环境，不甚耐寒，在林下疏松肥沃的微酸性土或中性壤土生长繁茂，阳光直射而无庇荫之处，则生长缓慢，发育不良。耐修剪，病虫害极少，且对烟害的抗性很强。

观赏特性

桃叶洒金珊瑚是优良的观叶观果树种，秋冬鲜红的果实在叶丛中非常美丽。枝繁叶茂，凌冬不凋，是珍贵的耐阴灌木。宜配植于门庭两侧树下。庭院墙隅、池畔湖边和溪流林下，凡阴湿之处无不适宜，若配植于假山上，作花灌木的陪衬，或作树丛林缘的下层基调树种，亦协调得体。可盆栽，其枝叶常用于瓶插。在市政公共景观运用中多用于色块的营造。

校园分布状况

校前区。

★ 灯台树

名　　称：灯台树

科　　属：山茱萸科梾木属

拉丁名：Bothrocaryum controversum (Hemsl.) Pojark

别　　名：女儿木、六角树、瑞木

形态特征

灯台树为落叶乔木，高20米。树皮光滑，暗灰色或带黄灰色；枝开展，轮状着生，无毛或疏生短柔毛，当年生枝紫红绿色，二年生枝淡绿色，有半月形的叶痕和圆形皮孔；单叶互生，广卵形；核果球形，成熟时紫红色至蓝黑色，顶端有一个方形孔穴。花期5～6月，果期7～10月。

生长习性

喜光，喜温暖气候及半荫环境，适应性强、耐寒、耐热、生长快。宜在肥沃、湿润及疏松、排水良好的土壤上生长。

观赏特性

树形齐整，大枝平展，轮生，层层如灯台，形成美丽的圆锥形树冠，是优美的观形树种，姿态清雅，叶莆雅致，花朵小而花序大，平铺于层状枝条上，颇为醒目，树形、叶、花、果兼赏，以树形为最佳，适宜孤植于庭园、草地，也可作为行道树。

校园分布状况

幼儿园东侧。

五 加 科

★ 常春藤

名　　称：常春藤

科　　属：五加科常春藤属

拉丁名：Hedera helix L.

别　　名：洋长春藤

形态特征

常绿攀援藤本。枝蔓细弱而柔软，具气生根。蔓梢部分呈螺旋状生长，能攀援在其他物体上。叶互生，革质，深绿色，有长柄，营养枝上的叶三角状卵形，全缘或3浅裂，花枝上的叶卵形至菱形。总状花序，小花球形，浅黄色，核果球形，黑色。花期5～8月，果期9～11月。

常见栽培的有："中华长春藤""日本常春藤""彩叶长春藤""金边常春藤""银边常春藤"等。

生长习性

极耐阴，也能在光照充足之处生长。喜温暖、湿润环境，稍耐寒，对土壤要求不高，喜肥沃疏松的土壤。

校园分布状况

东坡苗圃。

观赏特性

中华常春藤枝蔓茂密青翠，姿态优雅，可用其气生根扎附于假山、墙垣上，让其枝叶悬垂，如同绿帘，也可种于树下，让其攀于树干上。在庭院中可用以攀缘假山、岩石，或在建筑阴面作垂直绿化材料。常春藤在立体绿化中发挥着举足轻重的作用。它不仅可达到绿化、美化效果，同时也发挥着增氧、降温、减尘、减少噪声等作用，是藤本类绿化植物中用得最多的材料之一。另外，常春藤是一种颇为流行的室内大型盆栽花木，尤其在较宽阔的客厅、书房、起居室内摆放，格调高雅、质朴，并带有南国情调。是一种株形优美、规整、世界著名的新一代室内观叶植物。

★ 八角金盘

名　　称：八角金盘

科　　属：五加科八角金盘属

拉丁名：*Fatsia japonica*

别　　名：八金盘、八手、手树、金刚纂

形态特征

八角金盘为常绿灌木或小乔木，高可达5米。茎光滑无刺。叶掌状7～9裂，裂片卵状长椭圆形，有锯齿，表面有光泽；叶柄长10～30厘米。叶片大，革质，近圆形。圆锥花序顶生。果近球形，熟时黑色。花期10～11月，果熟期翌年4月。

生长习性

八角金盘为亚热带树种，喜阴湿温暖的气候。不耐干旱，不耐严寒。以排水良好而肥沃的微酸性土壤为宜，中性土壤亦能适应。萌蘖力尚强。

观赏特性

八角金盘四季常青，叶片硕大。叶形优美，浓绿光亮，是优良的观叶植物，适于林下作为绿篱或地被。适应室内弱光环境，为宾馆、饭店、写字楼和家庭美化常用的植物材料。用于布置门厅、窗台、走廊、水池边，或作室内花坛的衬底。叶片又是插花的良好配材。

校园分布状况

图书馆花园；中山梁等校园各处。

忍 冬 科

★ 金银花

名　称：	金银花
科　属：	忍冬科忍冬属
拉丁名：	Lonicera Japonica Thunb.
别　名：	忍冬、金银藤、银藤、二宝藤、右转藤

▌ 形态特征

　　金银花为多年生半常绿缠绕木质藤本植物。茎中空，多分枝，老枝外皮浅紫色，光滑；新枝深紫红色，密生短柔毛。单叶对生，卵形或长卵形，嫩叶有短柔毛，背面灰绿色。花成对腋生，花冠2唇形，初开白色，后变黄色，芳香。浆果球形，熟时黑色，有光泽；种子多数，稍扁，黑色或棕色，有光泽。花期4～6月，果期8～11月。

▌ 生长习性

　　适应性很强，喜阳、耐阴，耐寒性强，也耐干旱和水湿，对土壤要求不严，但在湿润、肥沃的深厚沙质土壤上生长最佳，每年春夏两次发梢。

▌ 校园分布状况

　　路北家属区。

▌ 观赏特性

　　金银花植株轻盈，藤蔓细长，花朵繁密，先白后黄，状如飞鸟，布满株丛，春夏时节开花不绝，色香俱备。秋末冬初叶片转红，而且老叶未落，新叶初生，凌冬不凋，是一种色香俱备的优良垂直绿化植物。

★ 木本绣球

名　称：木本绣球

科　属：忍冬科荚蒾属

拉丁名：Viburnum macrocephalum Fort.

别　名：大绣球、斗球、绣球荚蒾、木绣球

形态特征

　　木本绣球为落叶或半常绿灌木，树冠半球形。芽、幼枝、叶柄均被灰白或黄白色星状毛。单叶对生，卵形或椭圆形，端钝，基部圆形，缘有细锯齿，下面疏生星状毛。4～5月开大型球状花，聚伞花序，白色。不结实。浆果状核果，椭圆形，9～10月果熟，初殷红，后转黑色。

生长习性

　　木本绣球喜光，略耐阴。生性强健，耐寒、耐旱。能适应一般土壤，但好生于肥沃、湿润的土壤。萌芽力、萌蘖力均强。

观赏特性

　　绣球花树姿舒展，开花时白花满树，犹如积雪压枝，十分美观。宜配植在堂前屋后，墙下窗外，也可丛植于路旁林缘等处。

校园分布状况

　　东坡苗圃。

★ 蝴蝶绣球

名　称：	蝴蝶绣球
科　属：	忍冬科荚蒾属
拉丁名：	Viburnum plicatum Thunb.
别　名：	雪球荚蒾、对球、粉团

形态特征

蝴蝶绣球为落叶灌木，枝开展，幼枝有星状绒毛。叶近圆形，复伞房花序，直径6~10厘米，全为不孕花，常常伞房花序顶端1朵花有退化雄蕊，花纯白色，径约2厘米。花期4~5月。

生长习性

蝴蝶绣球为阳性，喜湿润气候，较耐寒，稍耐半阴。萌芽力弱，生长慢，移植容易。

观赏特性

蝴蝶绣球为我国传统观赏花木，树冠开展圆整，春日白花簇聚，宛如雪花压枝，落花之时，又如满地积雪。适用于公园、庭园作观赏树。

校园分布状况

明湖边。

金缕梅科

★ 红花檵木

名　　称：红花檵木

科　　属：金缕梅科檵木属

拉丁名：Loropetalum chinense var. Rubrum Yieh.

别　　名：红檵木、红枳木、红桎花

形态特征

红花檵木是檵木［Loropetalum chinensis（R. Br.）Oliv］的变种，通常为常绿或半常绿灌木，稀为小乔木。叶革质，暗红色，卵形。花淡红色至紫红色，线形，长1～2厘米。蒴果褐色，近卵形，种子长卵形。花期4～5月，果期8月。

生长习性

红花檵木适应性强，喜光，喜温暖湿润气候，也耐寒，耐干旱，最适生于酸性土，发枝力强，耐修剪，耐整形。

观赏特性

红花檵木树姿优美，花瓣细长如流苏，花期长，以春季为盛，花繁密而显著，初夏开花如覆雪，颇为美丽，是珍贵的庭园观赏树种。常用作绿化苗木，比如篱笆、绿化带等。

校园分布状况

中山梁；明湖；幼儿园东侧；模纹花坛。

悬 铃 木 科

★ 悬铃木

名　称：悬铃木

科　属：悬铃木科悬铃木属

拉丁名：Platanus acerifolia（Ait.）Willd.

别　名：英国梧桐、二球悬铃木

▌形态特征

　　悬铃木为落叶大乔木，树皮深灰色，薄片剥落，内皮绿白色。嫩枝被黄褐色星状绒毛。叶片3～5深裂，裂片长宽近相等，全缘或疏生粗锯齿，幼时被灰黄色星状绒毛，后脱落。花单性，雌雄同株，各自集成头状花序。聚合果球形，通常2个连成一串，果柄长而下垂。花期4～5月，果期9～10月。

　　二球悬铃木是三球悬铃木与一球悬铃木的杂交种，与其相似的二种分别是：

　　三球悬铃木［法国梧桐（P. orentalis）］，叶5～7片深裂至中部或中部以下，裂片窄长，总柄具球形，果序3～6个为一串。

　　一球悬铃木［美国梧桐（P. occidentalis）］，树皮小块片剥落，叶3～5片浅裂，中裂片宽大于长，果序单生，稀2个。

■ 生长习性

悬铃木是阳性速生树种，抗逆性强，不择土壤，萌芽力强，很耐重剪，抗烟尘，耐移植，大树移植成活率极高。对城市环境适应性特别强，具有超强的吸收有害气体、抵抗烟尘、隔离噪音能力，耐干旱、生长迅速。

■ 观赏特性

悬铃木树形雄伟端庄，叶大荫浓，干皮光滑，是世界著名的优良庭荫树和行道树，被誉为"行道树之王"。适应性强，又耐修剪整形，是优良的行道树种，广泛应用于城市绿化，在园林中孤植于草坪或旷地，列植于街道两旁，作为街坊、广场、校园绿化颇为合适。

■ 校园分布状况

点式楼附近。

黄 杨 科

★ 雀舌黄杨

名　　称：雀舌黄杨

科　　属：黄杨科黄杨属

拉丁名：Buxus bodinieri Levl.

别　　名：匙叶黄杨

▍ 形态特征

　　雀舌黄杨为常绿矮小灌木，分枝多而密集，成丛。叶对生，叶形较长，倒披针形、表面绿色光亮，叶柄极短，花密集呈球状，果卵圆形。

▍ 生长习性

　　喜温暖湿润和阳光充足环境，耐干旱和半阴，要求疏松、肥沃和排水良好的沙质壤土。弱阳性，耐修剪，较耐寒，抗污染。

▍ 观赏特性

　　雀舌黄杨枝叶繁茂，叶形别致，四季常青，常用于绿篱、花坛和盆栽，修剪成各种形状，是点缀小庭院和入口处的好材料。

▍ 校园分布状况

　　点式楼道路旁。

杨 柳 科

★ 垂柳

名　称：垂柳

科　属：杨柳科柳属

拉丁名：*Salix babylonica* L.

别　名：垂枝柳、倒挂柳、倒插杨柳

形态特征

　　垂柳为高大乔木，树冠倒广卵形。小枝细长，枝条非常柔软，细枝下垂，长度有1.5～3米。叶狭披针形至线状披针形，长8～16厘米，先端渐长尖，缘有细锯齿，表面绿色，背面蓝灰绿色；叶柄长约1厘米；托叶扩镰形，早落。雄花具2雄蕊，2腺体；雌花子房仅腹面具1腺体。花期3～4月，果期4～5月。

生长习性

　　垂柳喜光，喜温暖湿润气候及潮湿深厚的酸性及中性土壤。较耐寒，特耐水湿，但亦能生于土层深厚的干燥地区。萌芽力强，根系发达。生长迅速，15年生树可高达13米，胸径24厘米。寿命较短，30年后渐趋衰老。

观赏特性

　　垂柳枝条细长，柔软下垂，随风飘舞，姿态优美潇洒。在园林绿化中，它广泛用于河岸及湖池边绿化，柔条依依拂水，别有风致，自古即为重要的庭院观赏树。亦可用作行道树、庭荫树、固岸护堤树及平原造林树种。此外，垂柳对有毒气体抗性较强，并能吸收二氧化硫。

校园分布状况

　　上明湖四周。

海 桐 科

★ 海桐

名　称：海桐

科　属：海桐科海桐属

拉丁名：Pittosporum tobira (Thunb.) Ait.

别　名：海桐花

形态特征

常绿灌木或小乔木，树冠球形，浓密。叶聚生枝端，革质，倒卵形或狭倒卵形，边缘全缘，先端圆或钝，基部楔形。近伞形花序生于枝顶，花有香气，初开时白色，后变黄。蒴果近球形，果皮木质。种子暗红色，有黏液。花期4～5月，果期9～10月。

生长习性

喜光，对气候的适应性较强，能耐寒冷，亦颇耐暑热。萌芽力强，耐修剪。

观赏特性

海桐枝叶繁茂，树冠球形，下枝覆地；叶色浓绿而有光泽，经冬不凋，初夏花朵清丽芳香，入秋果实开裂露出红色种子，宛如红花一般，是园林中常见的观赏树种。

校园分布状况

东门。

虎 耳 草 科

★ 八仙花

名　　称：八仙花

科　　属：虎耳草科八仙花属

拉丁名：Hydrangea macrophylla（Thunb.）Ser

别　　名：绣球、粉团花、草绣球、紫绣球

▎形态特征

　　落叶灌木，高1～4米，茎常于基部发出多数放射枝而形成一圆形灌丛；枝圆柱形，粗壮，紫灰色至淡灰色，无毛，具少数较明显的长形皮孔。叶纸质或近革质，倒卵形或阔椭圆形，伞房状聚伞花序近球形，多数不育，蒴果，长陀螺状。花期6～8月。

生长习性

　　喜阴，喜温暖、湿润和半阴环境。花色因土壤酸碱度的变化而变化，一般pH4～6时为蓝色，pH在7以上时为红色。

观赏特性

　　生长茂盛，花序大而美丽，是著名观赏植物。园林中可配置于稀疏的树荫下及林荫道旁，片植于阴向山坡。因对阳光要求不高，故最适宜栽植于阳光较差的小面积庭院中。建筑物入口处对植两株、沿建筑物列植一排、丛植于庭院一角，都很理想。更适于植为花篱、花境。如将整个花球剪下，瓶插室内，也是上等点缀品。将花球悬挂于床帐之内，更觉雅趣。

校园分布状况

　　东坡苗圃。

胡 桃 科

★ 核桃

名　称：核桃

科　属：胡桃科胡桃属

拉丁名：Juglans regia Linn.

别　名：胡桃

▌形态特征

乔木，高达30米，树皮灰白色，幼枝有密毛。单数羽状复叶，长22～30厘米，小叶5～13厘米，椭圆状卵形至长椭圆形，长6～15厘米，宽3～12厘米，全缘，背面沿侧脉腋内有一簇短柔毛。花单性，雌雄同株；雄蕊黄花序下垂，果序短，下垂，有核果1～3颗，果实形状大小及内果皮的厚薄均因品种而异；种子肥厚。花期4～5月，果期9～10月。

▌生长习性

喜光，喜温暖湿润环境，较耐干冷，不耐湿热，适于阳光充足、排水良好、湿润肥沃的微酸性至弱碱性壤土或黏质壤土，抗旱性较弱，不耐盐碱；深根性，抗风性较强，不耐移植，有肉质根，不耐水淹。

▌观赏特性

树冠开展，树皮平滑，树体内含有芳香性挥发油，有杀菌作用，是优良的庭荫树。园林中可在草地、池畔等处孤植或丛植，也适于成片种植。

▌校园分布状况

外教楼周围。

★ 枫杨

名　称：枫杨

科　属：胡桃科枫杨属

拉丁名：Pterocarya stenoptera C. DC.

别　名：麻柳、蜈蚣柳等

▌形态特征

　　落叶乔木，高达30米，幼树树皮平滑，浅灰色，老时则深纵裂；叶多为偶数或稀奇数羽状复叶，雄性茉荑花序，单独生于去年生枝条上，雌性茉荑花序顶生，果序长20～45厘米，果序轴常被有宿存的毛。果实近球形，长约6～7毫米，基部常有宿存的星芒状毛；果翅狭，条形或阔条形，固又称苍蝇树，具近于平行的脉。花期4～5月，果期8～9月。

▌生长习性

　　喜光性树种，不耐庇荫，但耐水湿、耐寒、耐旱。深根性，主、侧根均发达，以深厚肥沃的河床两岸生长良好。速生性，萌蘖能力强，对二氧化硫、氯气等抗性强，叶片有毒，鱼池附近不宜栽植。

▌校园分布状况

　　驾校院内。

▌观赏特性

　　枫杨树冠宽广，枝叶茂密，夏秋季节则果序悬于枝间，随风而动，极具野趣。枫杨一串串的果实像一只只的元宝，故又称为"元宝树"。枫杨树冬天落叶，春天长出新叶，四、五月份开花、结果，一颗颗的果实连成串，向下垂吊。每颗果实中间椭圆状，两冀微翘，像一只只的小元宝或飞舞的苍蝇。果实成熟于夏天，从地面向上望去，密密麻麻挂在树枝上，像一串串翠绿的项链。枫杨树的果实从生长、成熟到落果，颜色从淡绿、翠绿到变黄、发黑，挂果时间长达半年之久。初冬季节树叶已全部飘落，而已经变成黑褐色的果实仍顽强地挂在枝头，直到霜冻来临才"无奈地"落到地上。

榆 科

★ 榆树

名　称：榆树

科　属：榆科榆属

拉丁名：Ulmus pumila L.

别　名：白榆、家榆、榆钱树、春榆、粘榔树等

▌ 形态特征

　　落叶乔木，高达25米，幼树树皮平滑，灰褐色或浅灰色，大树之皮暗灰色，不规则深纵裂，粗糙；小枝无毛或有毛，淡黄灰色、淡褐灰色或灰色，稀淡褐黄色或黄色，有散生皮孔，无膨大的木栓层及凸起的木栓翅。叶椭圆状卵形、长卵形、椭圆状披针形或卵状披针形。花先叶开放，在去年生枝的叶腋成簇生状。翅果近圆形，稀倒卵状圆形。花果期3~6月。

▌ 生长习性

　　阳性树种，喜光，耐旱，耐寒，耐瘠薄，不择土壤，适应性很强。根系发达，抗风力、保土力强。萌芽力强，耐修剪。生长快，寿命长。能耐干冷气候及中度盐碱，但不耐水湿（能耐雨季水涝）。具抗污染性，叶面滞尘能力强。在土壤深厚、肥沃、排水良好之冲积土及黄土高原生长良好。

▌ 校园分布状况

　　交大花园18幢旁。

▌ 观赏特性

　　榆树树干通直，树形高大，绿荫较浓，适应性强，生长快，是城市绿化的重要树种，栽作行道树、庭荫树、防护林及"四旁"绿化用无不合适。又因其老茎残根萌芽力强，可自野外掘取制作盆景。在林业上也是营造防风林、水土保持林和盐碱地造林的主要树种之一。

桑　科

★ 桑树

名　称：桑树

科　属：桑科桑属

拉丁名：Morus alba L

别　名：白桑、家桑

▎形态特征

　　为落叶乔木或灌木。桑叶呈卵形，是家蚕的饲料。高可达16米，树冠倒卵圆形。叶卵形或宽卵形，先端尖或渐短尖，基部圆或心形，锯齿粗钝，幼树之叶常有浅裂、深裂，上面无毛，下面沿叶脉疏生毛，脉腋簇生毛。聚花果（桑椹）紫黑色、淡红或白色，多汁味甜。花期4月，果熟5～7月。

▎生长习性

　　桑树喜光，对气候、土壤适应性都很强。耐寒，耐旱，耐水湿。也可在温暖湿润的环境生长。喜深厚疏松肥沃的土壤，能耐轻度盐碱。抗风，耐烟尘，抗有毒气体。根系发达，生长快，萌芽力强，耐修剪，寿命长，一般可达数百年，个别甚至可达数千年。

▎观赏特性

　　桑树树冠丰满，枝叶茂密，秋叶金黄，适生性强，管理容易，为城市绿化的先锋树种。宜孤植作庭荫树，也可与喜阴花灌木配置树坛、树丛或与其他树种混植风景林；果能吸引鸟类，构成鸟语花香的自然景观。

▎校园分布状况

　　路南1号楼后；零星分布于家属区。

★ 构树

名　称：构树

科　属：桑科构属

拉丁名：Broussonetia papyrifera L'Her. Ex Vent

别　名：构桃树、构乳树、楮树、楮实子

形态特征

落叶乔木灌木，高达16米；树冠圆形或倒卵形，树皮平滑，浅灰色，不易裂，全株含乳汁。单叶对生或轮生，叶阔卵形，顶端锐尖，基部圆形或近心形，边缘有粗齿，3～5深裂（幼枝上的叶更为明显），两面有厚柔毛，聚花果球形，橙红色。花期4～5月，果期7～9月。

生长习性

喜光，不耐阴，抗逆性强。根系浅，侧根分布很广，生长快，萌芽力和分蘖力强，耐修剪。抗污染性强。

观赏特性

构树外貌虽较粗野，但枝叶茂密且有抗性、生长快、繁殖容易等许多优点，果实酸甜，可食用。构树是城乡绿化的重要树种，适合用作矿区及荒山坡地绿化，亦可选作庭荫树及防护林用。

校园分布状况

新镜3幢旁；零星分布于校园内。

★ 榕树

名　称：榕树
科　属：桑科榕属
拉丁名：Ficus microcarpa L. f.
别　名：细叶榕、小叶榕、成树、榕树须

▌形态特征

　　榕树（小叶榕），常绿大乔木，高可达15～25米，冠幅广展，老树常有锈褐色气根。树皮深灰色。叶薄革质，狭椭圆形。榕果成对腋生或生于已落叶枝叶腋，成熟时呈黄或微红色，扁球形。瘦果卵圆形。花期5～6月。

▌生长习性

　　榕树喜光也耐阴，喜欢高温多雨、空气湿度大的环境。生长快，寿命长。

观赏特性

　　榕树以树形奇特，枝叶繁茂，树冠巨大而著称。枝条上生长的气生根，向下伸入土壤形成新的树干称之为"支柱根"。榕树枝条可向四面无限伸展。其支柱根和枝干交织在一起，形似稠密的丛林，因此被称为"独木成林"。

　　气生根向下生长入土后不断增粗而成支柱根，支柱根不分枝不长叶，榕树气生根的功能和其他根系一样，具有吸收水分和养料的作用，同时还支撑着不断往外扩展的树枝，使树冠不断扩大。一棵巨大的老榕树支柱根可多达千条以上。所开的花，因为都隐藏在膨大凹陷的花托里，不易看见，因此所结的果实又叫无花果，果实小而味甜，深受小鸟喜爱，但它的外壳却坚硬而难以消化。所以，巨大的榕树是鸟儿的家园，鸟儿也帮助榕树播撒种子。

校园分布状况

　　游泳池南侧。

★ 印度橡皮树

名　称：	印度橡皮树
科　属：	桑科榕属
拉丁名：	Ficus elastica Roxb. ex Hernem.
别　名：	橡皮树、印度榕、印度胶榕、印度胶树

▎形态特征

常绿乔木，在原产地高达30米；含乳汁，全体无毛。叶厚革质，有光泽，长椭圆形，长10～30厘米，全缘，中脉显著，羽状侧脉多而细，且平行直伸；托叶大，淡红色，包被幼芽。隐花果卵状长圆形，无柄，熟时黄色。花期5～6月，果期9～11月。

▎生长习性

喜温暖、湿润气候。要求肥沃的土壤。喜光，亦能耐阴。不耐寒冷，适温为20～25℃。冬季温度低于5～8℃时易受冻害。

▎观赏特性

庭荫树，是庭园常见的观赏树及行道树，为阴地植物。橡皮树叶大光亮，四季常青，为常见的观叶植物，也适宜盆栽。

▎校园分布状况

东坡苗圃。

★ 黄葛树

名　称：黄葛树

科　属：桑科榕属

拉丁名：Ficus virens Aiton var. Snblanceolata（Miq.）Corner.

别　名：黄桷树、大叶榕树、马尾榕、雀树

▌形态特征

　　黄葛树是绿黄葛树的变种，落叶或半常绿乔木，高15～20米。板根延伸达数十米外，支柱根形成树干，胸围达3～5米。叶互生，叶片纸质，长椭圆形或近披针形。隐头花序（榕果）。果近球形，熟时黄色或红色，花果期5～8月。

▌生长习性

　　喜光，耐旱，耐瘠薄，不耐寒冷，有气生根，适应能力强。

▌观赏特性

　　适宜栽植于公园湖畔、草坪、河岸边、风景区，孤植或群植造景，提供人们游憩、纳凉的场所，也可用作行道树。黄葛树有一个有趣的特点，就是落叶期不定，经常能看到挨着的几棵黄葛树，一棵光秃秃的，一棵长满绿叶，一棵正在发新芽，而另一棵还在落叶。

▌校园分布状况

　　枫林桥两侧；校园内零星分布。

紫 茉 莉 科

★ 叶子花

名　　称：	叶子花
科　　属：	紫茉莉科叶子花属
拉丁名：	Bougainvillea spectabilis wind
别　　名：	三叶梅、簕杜鹃、三角花、三角梅、叶子梅等

▌ 形态特征

　　常绿攀援状灌木，是紫茉莉科中的一种藤状小灌木，枝具刺、拱形下垂。单叶互生，卵形全缘或卵状披针形，被厚绒毛，顶端圆钝。花顶生，花很细小，黄绿色，常三朵簇生于三枚较大的苞片内，花梗与叶片中脉合生，苞片卵圆形，为主要观赏部位。苞片叶状，有鲜红色、橙黄色、紫红色、乳白色等；从叶子又可分花叶和普通两类；苞片则有单瓣、重瓣之分，苞片叶状三角形或椭状卵形；瘦果。花期较长，若湿度适宜，可常年开花。

▌ 生长习性

　　喜温暖湿润气候，不耐寒，在3℃以上才可安全越冬，15℃以上方可开花，喜充足光照。

▌ 观赏特性

　　叶子花苞片形似艳丽的花瓣，故名叶子花、三角花。冬春之际，姹紫嫣红的苞片展现，给人以奔放、热烈的感受，因此又得名贺春红。三角梅花朵没有香味，为了"传承子嗣"，大量繁衍后代，它紧贴花瓣的苞片增大，并"染"上红、黄、白、橙红、红白相间等多种艳丽的色彩，使之酷似美丽的花瓣。这样，蜜蜂或蝴蝶就成了它的座上常客，从而解决了传宗接代的难题。

▌ 校园分布状况

　　图书馆西侧花园；200米铁路线。

山 龙 眼 科

★ 银桦

名　称：银桦

科　属：山龙眼科银桦属

拉丁名：Grevillea robusta A Cunn ex R.Br

形态特征

　　常绿乔木，高可达20米。树干通直，树冠呈圆锥形。树皮浅棕色，有浅纵裂。总状花序腋生，无花瓣。果长圆形；种子黑色有翅。叶互生，二回羽状深裂。花两性，无花瓣，总状花序，单生或数个聚生于无叶的短枝上。花期4~5月，果期6~8月。果实卵状长圆形，稍倾斜而扁，顶端具宿存花柱，成熟时棕褐色，种子倒卵形，周边有翅。

生长习性

　　喜光，喜温暖、湿润气候、根系发达，较耐旱。不耐寒，遇重霜和-4℃以下低温，枝条易受冻。在肥沃、疏松、排水良好的微酸性沙壤土上生长良好。

观赏特性

　　树干通直，高大伟岸，树冠整齐，宜作行道树、庭荫树；亦适合农村"四旁"绿化，宜低山营造速生风景林、用材林。木材粗糙而坚硬，色淡红，断面上现有美丽斑纹，髓线排列甚密，弹力和耐朽力强，易加工，可供家具、雕刻、装饰和车辆制造等使用。

校园分布状况

　　西山梁土木系实验室旁。

锦 葵 科

★ 木槿

名　称：木槿

科　属：锦葵科木槿属

拉丁名：Hibiscus syriacus L.

别　名：无穷花、朝开暮落花

形态特征

　　落叶小乔木或灌木，小枝幼时密被黄色星状绒毛，后脱落。叶菱形至三角状卵形，花单生于枝端叶腋间，钟形，淡紫色，直径5～6厘米，花瓣倒卵形，长3.5～4.5厘米，外面疏被纤毛和星状长柔毛，蒴果卵圆形，密被黄色星状绒毛；种子肾形，背部被黄白色长柔毛。花期6～9月，果期9～11月。

生长习性

　　适应性强，南北各地都有栽培。喜阳光也能耐半阴，耐寒。对土壤要求不严，较耐瘠薄，能在黏重或碱性土壤中生长，萌芽力强，耐修剪。

校园分布状况

　　主楼南侧台阶；下明湖边。

观赏特性

　　木槿夏季开花，花期长，花朵大，且有很多花色、花型的变种和品种，是优良的园林观花树种。常作围篱及基础种植材料，宜丛植于草坪、路边或林缘，也可作绿篱或与其他花木搭配栽植。因其枝条柔软、耐修剪，可造型制作桩景或盆栽。同时，它还具有较强抗性，也是优良的厂矿绿化树种。

★ 扶桑

名　称：扶桑

科　属：锦葵科木槿属

拉丁名：Hibiscus rosa-sinensis L.

别　名：佛槿、朱槿、佛桑、大红花等

▋ 形态特征

　　常绿灌木，高达5米，叶似桑叶，也有圆叶。腋生喇叭状花朵，有单瓣和重瓣，最大花径达25厘米。茎直立而多分枝，叶互生，先端突尖或渐尖，叶缘有粗锯齿或缺刻，基部近全缘，秃净或背脉有少许疏毛。花大，有下垂或直上之柄，单生于上部叶腋间，有单瓣、重瓣之分；单瓣者漏斗形，重瓣者非漏斗形，呈红、黄、粉、白等色，花期全年，夏秋最盛。

▋ 生长习性

　　扶桑系强阳性植物，性喜温暖、湿润，要求日光充足，不耐阴，不耐寒和旱。

▋ 观赏特性

　　扶桑花为我国传统名花，栽培历史悠久，几乎全年开花不断，花大而艳，花量多。扶桑花的外表热情豪放，却有一个独特的花心，这是由多数小蕊连结起来，包在大蕊外面所形成的，结构相当细致，就如同热情外表下的纤细之心。明·李时珍《本草纲目·木三·扶桑》："扶桑产南方，乃木槿别种。其枝柯柔弱，叶深绿，微涩如桑。其花有红、黄、白三色，红者尤贵，呼为朱槿。"明·徐渭《闻里中有买得扶桑花者》诗之一："忆别汤江五十霜，蛮花长忆烂扶桑。"清·吴震方《岭南杂记》卷下："扶桑花，粤中处处有之，叶似桑而略小，有大红、浅红、黄三色，大者开泛如芍药，朝开暮落，落已复开，自三月至十月不绝。"其特征形容为：热情豪放，艳丽热情。

▋ 校园分布状况

　　东坡苗圃。

★ 木芙蓉

名　　称：	木芙蓉
科　　属：	锦葵科木槿属
拉丁名：	Hibiscus Hibiscus mutabilis L.
别　　名：	芙蓉花、拒霜花、木莲、地芙蓉、酒醉芙蓉

▌形态特征

　　落叶灌木或小乔木，高2～5米；小枝、叶柄、花梗和花萼均密被星状毛与直毛相混的细绵毛。叶宽卵形至圆卵形或心形，花单生于枝端叶腋间，花梗长约5～8厘米，近端具节，花初开时为白色或淡红色，后变深红色，直径约8厘米，花瓣近圆形，直径4～5厘米，蒴果为扁球形，种子呈肾形，背面被长柔毛。花期8～10月，果期10～11月。

▌生长习性

　　木芙蓉喜温暖湿润和阳光充足的环境，稍耐半阴，有一定的耐寒性。对土壤要求不严，但在肥沃、湿润、排水良好的沙质土壤中生长最好。

▌观赏特性

　　木芙蓉晚秋开花，因而有诗"千林扫作一番黄，只有芙蓉独自芳"。木芙蓉花期长，开花旺盛，品种多，其花色、花型随品种不同有丰富变化，是一种很好的观花树种。由于花大而色丽，中国自古以来多在庭园栽植，可孤植、丛植于墙边、路旁、厅前等处。特别宜于配植水

滨，开花时波光花影，相映益妍，分外妖娆，所以《长物志》云："芙蓉宜植池岸，临水为佳。"因此有"照水芙蓉"之称。此外，植于庭院、坡地、路边、林缘及建筑前，或栽作花篱，都很合适，在寒冷的北方也可盆栽观赏。

芙蓉花因光照强度不同，故引起花瓣内花青素浓度的变化。木芙蓉的花早晨开放时为白色或浅红色，中午至下午开放时为深红色。人们把木芙蓉的这种颜色变化叫"三醉芙蓉""弄色芙蓉"。有些芙蓉花的花瓣一半为银白色，一半为粉红色或紫色，人们把这种芙蓉花叫作"鸳鸯芙蓉"。近年来，因为园艺科技的进步，人们培养了复色芙蓉花，使其花瓣上镶有彩边、彩色条纹、斑块、斑点等，花朵也更加硕大，花期更为长久。

校园分布状况

大板学生区。

大 戟 科

★ 重阳木

名　称：重阳木

科　属：大戟科重阳木属

拉丁名：Bischofia polycarpa（Levl）Airy-shaw.

形态特征

　　落叶乔木，树皮褐色，纵裂，树冠伞形，三出复叶，小叶片纸质，卵形或椭圆状卵形，托叶小，早落，花雌雄异株，春季与叶同时开放，组成总状花序，果实呈浆果状，圆球形，成熟时为褐红色。花期4～5月，果期10～11月。

生长习性

　　暖温带树种。喜光，稍耐阴。喜温暖气候，耐寒性较弱。对土壤的要求不严，但在湿润、肥沃的土壤中生长最好。耐旱，也耐瘠薄，且能耐水湿。根系发达，抗风力强。

观赏特性

　　树姿优美，冠如伞盖，花叶同放，花色淡绿，秋叶转红，艳丽夺目，抗风耐湿，生长快速，是良好的庭荫和行道树种。用于堤岸、溪边、湖畔和草坪周围，作为点缀树种极有观赏价值。孤植、丛植或与常绿树种配置，秋日分外壮丽。

校园分布状况

　　东西主干道。

★ 油桐

名　　称：油桐

科　　属：大戟科油桐属

拉丁名：Vernicia fordii (Hemsl.) Airy-shaw.

别　　名：桐油树、桐子树、光桐、三年桐

▌ 形态特征

落叶乔木，高可达10米；树皮灰色，近光滑；枝条粗壮，无毛，具明显皮孔。叶卵圆形，顶端短尖，基部截平至浅心形，全缘，花白色，雌雄同株。核果近球状，直径4～6厘米，果皮光滑；种子3～4颗，种皮木质，种仁含油质。花期3～4月，果期8～9月。

▌ 生长习性

油桐喜光，喜温暖，忌严寒。适生于缓坡及向阳谷地，盆地及河床两岸台地。富含腐殖质、土层深厚、排水良好、中性至微酸性沙质土壤最适宜油桐生长。

▌ 观赏特性

油桐树冠圆整，叶大荫浓，花大而美丽，可植为行道树和庭荫树，是园林结合生产的树种之一。油桐是中国著名的木本油料树种，桐油是一种优良的干性油。具有干燥快、有光泽、耐碱、防水、防腐、防锈、不导电等特性，是重要的工业用油，制造油漆和涂料，经济价值特高。桐油和木油色泽金黄或棕黄，都是优良的干性油，有光泽，不能食用，具有不透水、不透气、不传电、抗酸碱、防腐蚀、耐冷热等特点。广泛用于制漆、塑料、电器、人造橡胶、人造皮革、人造汽油、油墨等制造业。

▌ 校园分布状况

游泳池南侧坡地。

山 茶 科

★ 山茶

名　称：山茶

科　属：山茶科山茶属

拉丁名：Camellia japonica L.

别　名：曼陀罗树、山椿、耐冬、红山茶、晚山茶、茶花、洋茶等

形态特征

　　山茶花为常绿灌木或小乔木。枝条淡褐色，小枝呈绿色或绿紫色至紫褐色。叶片革质，互生，椭圆形，先端渐尖或急尖，基部楔形至近半圆形，边缘有锯齿，叶片正面为深绿色，多数有光泽，背面较淡，叶片光滑无毛，叶柄粗短，有柔毛或无毛。花两性，常单生或2～3朵着生于枝梢顶端或叶腋间，花色丰富，以白色和红色为主，基部连生成筒状，集聚花心，花药金黄色，蒴果球形，外壳木质化，成熟蒴果能自然从背缝开裂，散出种子。花期12月至翌年4月，果期9～10月。

生长习性

　　喜半阴、忌烈日。喜温暖气候，喜肥沃、疏松的微酸性土壤，pH以5.5～6.5为佳。

观赏特性

　　山茶花为常绿花木，开花于冬春之际，花姿绰约，花色鲜艳。郭沫若同志盛赞山茶花曰："茶花一树早桃红，百朵彤云啸傲中。"对云南山茶郭老也曾赋诗赞美："艳说茶花是省花，今来始见满城霞；人人都道牡丹好，我道牡丹不及茶。"

　　山茶花耐荫，配置于疏林边缘，生长最好；假山旁植可构成山石小景；亭台附近散点三五株，格外雅致；若辟以山茶园，花时艳丽如锦；庭院中可于院墙一角，散植几株，自然潇洒；如选杜鹃、玉兰相配置，则花时，红白相间，争奇斗艳。

校园分布状况

　　校前区；主干道绿化带。

猕猴桃科

★ 猕猴桃

名　称：猕猴桃

科　属：猕猴桃科猕猴桃属

拉丁名：Actinidia chinensis Planch.

别　名：中华猕猴桃、猕猴梨、藤梨、阳桃等

▌形态特征

　　落叶藤本；枝褐色，有柔毛，髓白色，层片状。叶近圆形或宽倒卵形，顶端钝圆或微凹，很少有小突尖，基部圆形至心形，边缘有芒状小齿，表面有疏毛，背面密生灰白色星状绒毛。花开时乳白色，后变黄色，单生或数朵生于叶腋。浆果卵形呈长圆形，横径约3厘米，密被黄棕色有分枝的长柔毛。花期4～6月，果期8～10月。

▌生长习性

　　喜光耐半阴，喜温暖湿润环境，怕旱、涝、风。耐寒，不耐早春晚霜。

▌观赏特性

　　优良的庭院观赏植物和果树，花朵美丽而芳香，果实大而多，适合多种造景。

▌校园分布状况

　　机械厂苗圃。

杜 英 科

★ 杜英

名　称：	杜英
科　属：	杜英科杜英属
拉丁名：	Elaeocarpus decipiens Hemsl.
别　名：	假杨梅、青果、野橄榄、橄榄、缘瓣杜英

形态特征

常绿乔木，高可达15米，叶互生，有托叶，革质，披针形或倒披针形，边缘有小钝齿；叶柄初时有微毛，在结实时变秃净。总状花序多生于叶腋，花序轴纤细，花黄白色，萼片披针形，花瓣倒卵形；核果椭圆形，外果皮无毛，内果皮坚骨质。花期6~7月。

生长习性

喜温暖湿润气候，宜排水良好酸性土壤，较耐阴，萌芽力强。

观赏特性

杜英最明显的特征是叶片在掉落前，高挂树梢的红叶，随风徐徐飘摇，像小鱼群钻动般的动感，是观叶赏树时值得驻足停留欣赏的植物。树冠圆整，枝叶繁茂，秋冬、早春叶片常显绯红色，红绿相间，鲜艳夺目，是庭园观赏和四旁绿化的优良品种。

校园分布状况

200米铁路线。

杜 鹃 花 科

★ 杜鹃

名　称：杜鹃

科　属：杜鹃花科杜鹃花属

拉丁名：Rhododendron Simsii Planch.

别　名：映山红、山石榴、山踯躅、红踯躅

形态特征

　　落叶或半常绿灌木或小乔木，多分枝，枝细而直，嫩枝有时有疏毛。叶纸质或近革质，对生或簇生于抑发的侧生短枝上，倒卵形或长圆状倒卵形，花单生或2～3朵簇生于具叶、抑发的侧生短枝的顶部，花冠红色或深红色，钟状，果皮常厚，种子多数。花期3～6月，果期5月至翌年1月。

生长习性

　　杜鹃花属种类多，习性差异大，但多数种产于高海拔地区，喜凉爽、湿润气候，要求富含腐殖质、疏松、湿润及pH5.5～6.5的酸性土壤。

观赏特性

　　杜鹃花花繁叶茂，绮丽多姿，花色丰富，是中国十大名花之一，栽培历史悠久。萌发力强，耐修剪，根桩奇特，是优良的盆景材料。园林中最宜栽植在林缘、溪边、池畔及岩石旁，或散植于疏林下。

校园分布状况

　　200米铁路线。

桃 金 娘 科

★ 桉树

名　　称：桉树

科　　属：桃金娘科桉属

拉丁名：Eucalyptus robusta Smith.

别　　名：大叶有加利（尤加利）、大叶桉树等

▌形态特征

常绿乔木，高可达30米，树干挺直；树皮宿存，深褐色，幼叶对生，卵形，成熟叶互生，卵状披针形，厚革质，常下垂。伞形花序粗大，蒴果碗状。花期4～9月，花后3个月果成熟。

▌生长习性

喜光，喜温暖湿润气候，耐-7.3℃的短期低温，耐水湿，生长迅速，萌芽力强，根系深，抗风。

▌观赏特性

桉树树姿优美，四季常青，生长异常迅速，抗旱能力强，宜作行道树、防风固沙林和园林绿化树种。树叶含芳香油，有杀菌驱蚊作用，可提炼香油，还是疗养区、住宅区、医院和公共绿地的良好绿化树种。

▌校园分布状况

中学楼旁；新镜住宅区。

石 榴 科

★ 石榴

名　称：石榴

科　属：石榴科石榴属

拉丁名：Punica granatum Linn.

别　名：安石榴、若榴、丹若等

形态特征

　　落叶灌木或小乔木，树干为灰褐色，有片状剥落，嫩枝黄绿光滑，常呈四棱形，枝端多为刺状，无顶芽。单叶对生或簇生，矩圆形或倒卵形，全缘，叶面光滑，短柄，新叶嫩绿或古铜色。花朵至数朵生于枝顶或叶腋；花萼钟形，肉质，先端6裂，表面光滑具腊质，橙红色，宿存。花瓣5～7枚红色或白色，单瓣或重瓣，花期5～7月，重瓣的花多难结实，以观花为主；单瓣的花易结实，以观果为主。萼革质，浆果近球形，秋季成熟。

生长习性

　　石榴性喜光，有一定的耐寒能力，喜湿润肥沃的石灰质土壤。

观赏特性

　　树姿优美，枝叶秀丽，初春嫩叶抽绿，婀娜多姿；盛夏繁花似锦，色彩鲜艳。孤植或丛植于庭院、游园之角，列植于小道、溪水、建筑物之旁，也宜做成各种桩景和供瓶插花观赏。

校园分布状况

　　家属区；主楼旁。

鼠 李 科

★ 枳椇（拐枣）

名　称：	枳椇（拐枣）
科　属：	鼠李科枳椇属
拉丁名：	Hovenia acerba Lindl.
别　名：	龙爪、万字果、枸、山林果、万寿果、金果梨等

形态特征

　　落叶乔木，高可达10米；嫩枝、幼叶背面、叶柄和花序轴初有短柔毛，后脱落。叶片椭圆状卵形，聚伞花序顶生和腋生，果柄肉质，扭曲，红褐色；果实近球形，无毛，直径约7毫米，灰褐色。花期6月，果期8～10月。果实形态似万字符"卍"，故称万寿果。

生长习性

　　枳椇为阳性树种，喜光，较耐寒，生向阳山坡、山谷、沟边及路旁，深根性，萌芽力强，生长较快。

观赏特性

　　枳椇树姿优美，枝条开展，叶大而荫浓，果梗奇特、可食，有糖果树之称，是优良的庭荫树、行道树和造林树种。

校园分布状况

　　公安基地。

★ 枣树

名　称：枣树

科　属：鼠李科枣属

拉丁名：*Zizyphus jujuba Mill.*

别　名：大枣、刺枣等

形态特征

　　枣树为落叶乔木，高可达15米。树皮灰褐色，条裂。枝有长枝、短枝与脱落性小枝之分。长枝红褐色，呈"之"字形弯曲，光滑，有托叶刺或托叶刺不明显；短枝在二年生以上的长枝上互生；脱落性小枝较纤细，无芽，簇生于短枝上，秋后与叶俱落。叶卵形至卵状长椭圆形，先端钝尖，边缘有细锯齿，基生三出脉，叶面有光泽，两面无毛。枣树5～6月开花，聚伞花序腋生，花小，黄绿色。核果卵形至长圆形，8～10月果熟，熟时暗红色。果核坚硬，两端尖。

生长习性

　　枣树为强阳性树种，比较抗旱，需水不多，适合生长在贫瘠土壤，树生长慢，所以木材坚硬细致，不易变形，适合制作雕刻品。根系发达，萌蘖力强。

观赏特性

　　树冠宽阔，花朵虽小而香气清幽，结实满枝，青红相间，发芽晚，落叶早，是重要的庭园树种。

　　枣陪伴人们走过一代又一代。有据可查，枣树是从酸枣树培育而来的。不必考证是哪个先民最早把"野树"移栽到了田园。只是关于枣的历史悠久，可追溯到三千年以前，它最先灿烂在《诗经》的吟颂中："七月烹葵及菽，八月剥枣，十月获稻，为此春酒以介眉寿……"。

　　我们的先民，当他们躬耕陇亩唱起"八月剥枣，十月获稻"，他们的生命已缠绕着生生不息的家园情结。草屋与泥路，瓦釜与莆菜，摘几个甜脆的枣子以飨啼哭的娃娃，那一定是人间美味。

校园分布状况

　　路北家属区。

葡 萄 科

★ 葡萄

名　　称：葡萄

科　　属：葡萄科葡萄属

拉丁名：Vitis vinifera L.

别　　名：提子、蒲桃、草龙珠、山葫芦、菩提子

▌形态特征

　　葡萄树为落叶藤本，茎皮红褐色，老时条状剥落，卷须分叉。叶掌状，3～5缺裂，复总状花序，通常呈圆锥形，浆果多为圆形或椭圆，成串下垂，色泽随品种而异。花期4～5月，果期8～9月。

▌生长习性

　　葡萄品种很多，习性各异，总体而言，喜光，喜干燥，适合生长于夏季高温、冬季有一定低温的大陆性气候。可以生长在各种各样的土壤上，如沙荒、河滩、盐碱地、山石坡地等，但是不同的土壤条件对葡萄的生长和结果有不同的影响。光照、温度、降水对葡萄的生长有很大的影响。

▌观赏特性

　　夏季绿叶葱郁，秋日硕果累累，可观色、观果、食果，可在庭园中广植，是古典园林中传统观赏内容，现代园林中葡萄棚架可独自成景，也可结合生产，布置成葡萄园。

▌校园分布状况

　　机械厂苗圃。

★ 爬山虎

名　称：爬山虎

科　属：葡萄科爬山虎属

拉丁名：Parthenocissus tricuspidata (Sieb. et Iucc.) Planch.

别　名：地锦、爬墙虎

▌形态特征

　　爬山虎属多年生落叶木质藤本植物，其形态与野葡萄藤相似。夏季开花，花小，成簇不显，黄绿色或浆果紫黑色，与叶对生。花多为两性，雌雄同株，聚伞花序常着生于两叶间的短枝上，枝条粗壮，老枝灰褐色，幼枝紫红色。枝上有卷须，卷须短，多分枝，卷须顶端及尖端有粘性吸盘，遇到物体便吸附在上面，无论是岩石、墙壁还是树木，均能吸附。叶互生，绿色，无毛，背面具有白粉，叶背叶脉处有柔毛，秋季变为鲜红色。幼枝上的叶较小，常不分裂。浆果小球形，熟时蓝黑色，被白粉，鸟喜食。花期6～7月，果期9～10月。

▌生长习性

　　爬山虎适应性强，性喜阴湿环境，但不怕强光，耐寒，耐旱，耐贫瘠，气候适应性广泛，在暖温带以南冬季也可以保持半常绿或常绿状态。

▌观赏特性

　　夏季枝叶茂密，至秋叶色红艳，常攀缘在墙壁或岩石上，适于配植在宅院墙壁、围墙、庭园入口、桥头等处。可用于绿化房屋墙壁、公园山石，既可美化环境，又能降温，调节空气，减少噪音，因此爬山虎是垂直绿化的优选植物。爬山虎的卷须式吸盘还能全吸去墙上的水分，有助于使潮湿的房屋变得干燥，而干燥的季节，又可以增加湿度。

▌校园分布状况

　　新镜住宅小区。

柿 树 科

★ 柿树

名　称：柿树

科　属：柿树科柿树属

拉丁名：Diospyros kaki Thunb.

形态特征

柿树为落叶乔木，通常高可达10～14米，枝开展，带绿色至褐色，无毛，散生纵裂的长圆形或狭长圆形皮孔；嫩枝初时有棱，有棕色柔毛或绒毛或无毛。花冠呈钟状，黄白色，雌雄异株或同株，花序腋生，聚伞花序，果形有球形，扁球形，球形而略呈方形，卵形，等等。果肉较脆硬，老熟时果肉变成柔软多汁，呈橙红色或大红色等，有种子数颗。花期5～6月，果期9～10月。

生长习性

喜阳树种，耐寒耐旱，喜湿润，能在空气干燥而土壤较为潮湿的环境下生长，忌积水。深根性，根系强大，吸水、吸肥力强，也耐瘠薄，适应性强，喜肥沃通透性土壤。潜伏芽寿命长，更新和成枝能力很强。而且更新枝结果快、坐果牢固、寿命长。

观赏特性

树冠广展如伞，叶大荫浓，秋季叶色转红，丹实似火，悬于绿荫丛中，至11月落叶后还高挂树上，是观叶、观果和结合生产的重要树种。广泛应用于城市绿化，在园林中孤植于草坪或旷地，列植于街道两旁，尤为雄伟壮观。

校园分布状况

交大花园住宅区。

★ 君迁子

名　　称：君迁子

科　　属：柿科柿属

拉丁名：Diospyros lotus Linn.

别　　名：黑枣、软枣、牛奶枣、野柿子

▍ 形态特征

　　君迁子为落叶乔木，树皮灰黑色或灰褐色，深裂成方块状；幼枝灰绿色，有短柔毛。单叶互生，叶片椭圆形至长圆形，花单性，雌雄异株，簇生于叶腋；花淡黄色至淡红色，浆果近球形至椭圆形，初熟时淡黄色，后则变为蓝黑色，被白蜡质。花期5～6月，果期10～11月。

▍ 生长习性

　　性强健，喜光，耐半阴，耐寒及耐旱性均比柿树强，很耐湿。喜肥沃深厚土壤，对瘠薄土、中等碱性土及石灰质土有一定的忍耐力。对二氧化硫抗性强。

▍ 观赏特性

　　树干挺直，树冠圆整，适应性强，可作园林绿化用。

▍ 校园分布状况

　　峨眉校区东门。

芸香科

★ 柚

名　称：柚

科　属：芸香科柑桔属

拉丁名：Citrus grandis (L.) Osbeck.

别　名：雷柚、碌柚、胡柑、臭橙、臭柚

形态特征

　　柚为常绿乔木，嫩枝、叶背、花梗、花萼及子房均被柔毛，嫩叶通常暗紫红色，嫩枝扁且有棱。单生复叶，叶质颇厚，色浓绿，阔卵形或椭圆形，总状花序，有时兼有腋生单花；果实极大，圆球形，果皮甚厚或薄，海绵质，油胞大，凸起，果心实但松软。花期4～5月，果期9～12月。

生长习性

　　柚子喜温暖湿润气候，耐寒性差，对土壤要求不严格，只要土层深，排水好，均可栽植，但以沙壤土质植栽最好。

观赏特性

　　柚是著名的水果和观果树种，散植于园林各处，可观果食果。

校园分布状况

　　新镜5幢前；家属区零星分布。

★ 柑橘

名　称：柑橘

科　属：芸香科柑橘属

拉丁名：Citrus reticulata Blanco.

别　名：柑橘、蜜橘，黄橘、红橘、大红蜜橘等

▌ 形态特征

　　柑橘为常绿小乔木或灌木，一般高3~4米。小枝较细弱，无毛，通常有刺。叶长卵状披针形，花黄白色，单生或簇生叶腋。果扁球形，橙黄色或橙红色，果皮薄易剥离。春季开花，花期3~5月，10~12月果熟。

▌ 生长习性

　　柑橘树性喜温暖湿润气候，耐寒性较柚、酸橙、甜橙稍强。

▌ 观赏特性

　　柑橘树形美观，四季常绿，果实橘黄，色泽艳丽，非常适合城市绿化、美化。柑橘春季花香扑鼻，秋季金果满树，是吉祥的象征。盆栽观赏，既添景色，又添吉祥，如金橘、四季橘已经走进千家万户。

▌ 校园分布状况

　　新镜9幢旁。

★ 金枣

名　称：	金枣
科　属：	芸香科金柑属
拉丁名：	Fortunella margarita (Lour.) Swingle
别　名：	金柑、金弹、脆皮橘等

▌形态特征

　　金枣为常绿灌木，通常无刺，分枝多。叶片披针形至矩圆形，全缘或具不明显的细锯齿，表面深绿色，背面浅绿色，有散生腺点；叶柄有狭翅，与叶片边境处有关节。单花或2～3花集生于叶腋，具短柄；花两性，整齐，白色，芳香；果圆形或卵形，金黄色。果皮肉质而厚，平滑，有许多腺点，有香味。花期3～5月，果期11～12月。

▌生长习性

　　金枣喜阳光和温暖、湿润的环境，不耐寒，稍耐阴、耐旱，要求排水良好的肥沃、疏松的微酸性沙质壤土。

▌观赏特性

　　金枣是著名的观果植物，果实金黄、具清香，挂果时间较长，宜作盆栽观赏及盆景，同时其味道酸甜可口，暖地栽植作果树经营。

▌校园分布状况

　　新镜3幢前。

苦 木 科

★ 臭椿

名　称：臭椿

科　属：苦木科臭椿属

拉丁名：Ailanthus altissima (Mill.) Swingle.

别　名：臭椿皮、大果臭椿

形态特征

臭椿为落叶乔木，高可达30米，树冠呈扁球形或伞形。树皮灰白色或灰黑色，平滑，稍有浅裂纹，小枝粗壮。奇数羽状复叶，互生，雌雄同株或雌雄异株，圆锥花序顶生，花小，杂性，翅果，有扁平膜质的翅，长椭圆形，种子位于中央。花期5～6月，果期9～10月。

生长习性

臭椿喜光，不耐阴。适应性强，除黏土外，中性、酸性及钙质土都能生长，适生于深厚、肥沃、湿润的砂质土壤。耐寒，耐旱，不耐水湿，长期积水会烂根死亡。

观赏特性

树干通直高大，春季为嫩叶紫红色，秋季红果满树，是良好的观赏树和行道树。可孤植、丛植或与其他树种混栽，适宜工厂、矿区等绿化。

校园分布状况

校前区。

楝　科

★ 香椿

名　称：	香椿
科　属：	楝科香椿属
拉丁名：	Toona sinensis.(A.Juss.) M. Roem.
别　名：	香椿铃、香铃子、香椿子

形态特征

香椿为多年生的落叶乔木，叶互生，偶数羽状复叶，小叶6~10对，复聚伞花序，下垂，两性花，朔果，狭椭圆形或近卵形，果皮革质，开裂成钟形。6月开花，10~11月果实成熟。

生长习性

香椿喜温，喜光，较耐湿，适宜在平均气温8~10℃的地区栽培。

校园分布状况

东坡苗圃。

观赏特性

香椿树干通直，树冠开阔，枝叶浓密，嫩叶红艳，常用作庭荫树、行道树。园林中配置于疏林，作上层骨干树种，其下栽以耐阴花木。幼芽嫩叶芳香可口，供蔬食。

★ 米仔兰（米兰）

名　称：米仔兰（米兰）

科　属：楝科米仔兰属

拉丁名：Aglaia odorata Lour.

别　名：珠兰、树兰、鱼仔兰、米籽兰

形态特征

米仔兰为常绿小乔木或灌木，枝多，树冠呈半圆形。单数羽状复叶互生，花单性与两性同株，为腋生疏散的圆锥花序，黄色，香气浓。花期5～12月，或四季开花，浆果近球形，果期7月至翌年3月。

观赏特性

树姿秀丽，枝叶茂密，花香似兰，既可观叶又可赏花。小小黄色花朵，形似鱼子，因此又名为鱼子兰。醇香诱人，为优良的芳香植物，开花季节浓香四溢，可用于布置会场、门厅、庭院及家庭装饰。落花季节又可作为常绿植物陈列于门厅外侧及建筑物前。

生长习性

喜温暖，忌严寒，喜光，忌强光直射，稍耐阴，宜肥沃富有腐殖质、排水良好的土壤。

校园分布状况

东坡苗圃。

无 患 子 科

★ 全缘叶栾

名　称：全缘叶栾

科　属：无患子科栾树属

拉丁名：Koelreuteria integrifolia Merr.

别　名：黄山栾

形态特征

全缘叶栾落叶乔木，高10～30米；树皮暗灰色，片状剥划落，小枝暗棕色，密生皮孔。叶为二回羽状复叶，小叶全缘，或偶有锯齿；花黄色，蒴果椭圆形，嫩时紫色，熟时红色。花期8～9月，果期10～11月。

生长习性

喜光照充足，水土肥沃的生长环境，在温暖湿润气候地区，生长速度快。

观赏特性

枝叶茂密，冠大荫浓，初秋开花，金黄夺目，果实淡红色，状似灯笼，黄花红果，交相辉映，十分美丽。适宜作庭荫树、风景树。

校园分布状况

大板6号学生宿舍；主楼西侧。

漆 树 科

★ 南酸枣

名　称：南酸枣

科　属：漆树科南酸枣属

拉丁名：Choerospondias axillaris (Roxb.) Burtt et Hill.

别　名：五眼果、酸枣树、棉麻树、山枣树、鼻涕果

形态特征

　　落叶乔木，高可达20米。树干挺直，树皮灰褐色，小枝粗壮，暗紫褐色，具皮孔无毛，奇数羽状复叶互生，卵状椭圆形或长椭圆形，花杂性，异株；雄花和假两性花淡紫红色，排列成顶生或腋生的聚伞状圆锥花序，雌花单生于上部叶腋内；核果椭圆形或倒卵形，成熟时黄色，中果皮肉质浆状。花期4月，果期8～10月。

生长习性

　　适应性强，生长快，喜光，要求湿润的环境。对热量的要求范围较广，从热带至中亚热带均能生长，能耐轻霜。

观赏特性

　　南酸枣干直荫浓，是较好的庭荫树和行道树，适宜在各类园林绿地中孤植或丛植。

校园分布状况

　　电机馆后院。

槭 树 科

★ 元宝枫

名　称：	元宝枫
科　属：	槭树科槭树属
拉丁名：	Acer truncatum Bunge.
别　名：	华北五角枫、元宝槭、色木槭、平基槭、地锦槭

形态特征

　　落叶乔木，树冠伞形或近球形，叶宽矩圆形，掌状5～7裂，裂片三角形，叶基常截形。花黄绿色，成顶生伞房花序，翅果极扁平，两翅开展成钝角或近水平。花期4～5月，果熟期8～9月。

观赏特性

　　绿荫浓密，叶形秀丽，秋叶变亮黄色或红色，适宜做庭荫树、行道树及风景林树种，是著名的秋色叶树种。

生长习性

　　温带树种，弱度喜光，稍耐荫，喜温凉湿润气候，对土壤要求不严，在中性、酸性及石灰性土上均能生长，但以土层深厚、肥沃及湿润之地生长最好，黄黏土上生长较差。生长速度中等，深根性，抗风力强。

校园分布状况

　　校前区。

★ 鸡爪槭

名　称：鸡爪槭

科　属：槭树科槭树属

拉丁名：Acer palmatum Thunb.

形态特征

小乔木，高可达5~8米，树冠伞形，枝条开张，细弱。叶掌状7~9裂，裂深常为全叶片的1/3~1/2，基部心形，裂片卵状长椭圆形到披针形，先端尖，有细锐重锯齿，北面脉腋有白簇毛。伞房花序，花瓣紫色。翅果，两翅开展成钝角。花期5月，果期9~10月。

变种和栽培品种有：条裂鸡爪槭（var. linearilobum），叶深裂达基部，裂片线形，缘有疏齿或全缘；红枫（Atropurpureum），叶片常年红色或紫红色，枝条紫红色；羽毛枫（Dissectum），叶片掌状深裂几达基部，裂片狭长，又羽状细裂，树体较小；红羽毛枫（Dissectum　Ornatum），与羽毛枫相似，但叶常年红色；金叶鸡爪槭（Aureum），叶片金黄色；垂枝鸡爪槭（Pendula），枝梢下垂。

生长习性

鸡爪槭为弱阳性，最适于侧方遮荫，喜温暖湿润，耐寒性不如元宝枫，喜肥沃而排水性良好的土壤，不耐干旱和水涝。

观赏特性

姿态潇洒，叶形秀丽，秋叶红艳，是著名的庭园观赏树种。其优美的叶形能产生轻盈秀丽的效果，使人感到轻快，因而非常适于小型庭园造景，也可植于常绿针叶树、阔叶树或竹丛之侧，经秋叶红，枝叶扶疏，满树如染。

校园分布状况

计算机网络实验中心楼后。

木 犀 科

★ 女贞

名　称：女贞

科　属：木犀科女贞属

拉丁名：Ligustrum lucidum Ait.

别　名：白蜡树、蜡树、大叶女桢

形态特征

　　女贞常绿乔木，树皮灰色、平滑。枝开展、无毛。叶革质，宽卵形至卵状披针形，对生。圆锥花序顶生，花白色，核果长圆形，紫黑色。花期6～7月，果期10～11月。

生长习性

　　耐寒性好，耐水湿，喜温暖湿润气候，喜光耐阴。

观赏特性

　　女贞四季婆娑，枝干扶疏，枝叶茂密，树形整齐，是园林中常用的观赏树种，可于庭园孤植或丛植，亦作为行道树。

校园分布状况

　　明湖边；主干道旁等。

★ 小叶女贞

名　称：小叶女贞

科　属：木犀科女贞属

拉丁名：Ligustrum quihoui Carr.

别　名：小叶冬青、小白蜡、楝青、小叶水蜡树

▍ 形态特征

落叶或半常绿灌木，小枝淡棕色，圆柱形，密被微柔毛，后脱落。叶片薄革质，形状和大小变异较大，披针形、长圆状椭圆形。花白色，芳香，近无柄，圆锥花序顶生，近圆柱形。果倒卵形、宽椭圆形或近球形。花期5～7月，果期8～11月。

▍ 生长习性

喜阳，稍耐阴，较耐寒，对二氧化硫、氯化氢等毒气有较好的抗性。耐修剪，萌发力强。适生于肥沃、排水良好的土壤。

▍ 观赏特性

小叶女贞主要作绿篱栽植和绿化花坛，可修剪成长、方、圆等各种几何或非几何形体，用于园林点缀，也可用于道路绿化，公园绿化，住宅区绿化等。其枝叶紧密、圆整，庭院中常栽植观赏，抗多种有毒气体，是优良的抗污染树种。

▍ 校园分布状况

中山梁教学区旁；大板学生区；东西干道。

★ 桂花

名　　称：桂花

科　　属：木犀科木犀属

拉丁名：Osmanthus fragrans (Thunb.) Lour

别　　名：岩桂、木犀

形态特征

　　常绿灌木或小乔木，树冠圆头形或椭圆形。叶对生，多呈椭圆或长椭圆形，树叶叶面光滑，革质，叶边缘有锯齿。花簇生，花冠4裂，有乳白、黄、橙红等色，浓香。花期9～10月，核果椭圆形，翌年4～5月成熟，黑紫色。

生长习性

喜光，稍耐阴，喜温暖湿润气候，耐寒性较差，不耐水湿。

校园分布状况

桂花分布于校园各处，其中图书馆西侧、中山梁教学楼东侧、四号桥、家属区等为多。

观赏特性

桂花变种繁多，大致归为5种：金桂、银桂、丹桂、四季桂、子桂。终年常绿，枝繁叶茂，秋季开花，芳香四溢，可谓"独占三秋压群芳"。在园林中应用普遍，常作园景树，有孤植、对植，也有成丛成林栽种。在我国古典园林中，桂花常与建筑物，山石搭配，以丛生灌木型的植株植于亭、台、楼、阁附近。在住宅四旁或窗前栽植桂花树，有"金风送香"的效果。在校园大量种植桂花，有"蟾宫折桂"之意。

★ 茉莉

名　称：茉莉

科　属：木犀科茉莉属

拉丁名：Jasminum sambac (Linn.) Aiton.

别　名：茉莉花

▎形态特征

　　茉莉为常绿灌木，枝条细长小枝有棱角，有时有毛，略呈藤本状，单叶对生，光亮，宽卵形或椭圆形，叶脉明显，叶面微皱，叶柄短而向上弯曲，有短柔毛。初夏由叶腋抽出新梢，顶生聚伞花序，有花3～9朵，通常3～4朵，花冠白色，极芳香。大多数品种的花期6～10月，由初夏至晚秋开花不绝。

▎生长习性

　　茉莉花性喜温暖湿润，在通风良好、半阴的环境生长最好。土壤以含有大量腐殖质的微酸性砂质土壤为最适合。大多数品种畏寒、畏旱，不耐霜冻、湿涝和碱土。

▎观赏特性

　　茉莉花叶色翠绿，花色洁白，香味浓厚，为常见庭园及盆栽观赏芳香花卉。多用盆栽，点缀室容，清雅宜人，还可加工成花环等装饰品。而落叶藤本类的大多数黄色和白色的花则是国外许多人家用来点缀冬天花园的最好的方式之一。"花开满园，香也香不过它"，它就是"一卉能熏一室香"的茉莉花。茉莉花虽无艳态惊群，但玫瑰之甜郁、梅花之馨香、兰花之幽远、玉兰之清雅，莫不兼而有之。

▎校园分布状况

　　东坡苗圃；主楼周围。

★ 迎春

名　称：迎春

科　属：木犀科素馨属

拉丁名：Jasminum nudiflorum Lindl

别　名：金腰带、串串金

形态特征

　　落叶灌木，枝条细长，呈拱形下垂生长，侧枝健壮，四棱形，绿色。三出复叶对生，小叶卵状椭圆形，表面光滑，全缘。花单生于叶腋间，花冠高脚杯状，鲜黄色，顶端6裂，或成复瓣。花期3～5月，可持续50天之久。常见栽培种类有探春和云南素馨。

生长习性

　　喜光，稍耐阴，较耐寒，怕涝，要求温暖而湿润的气候，疏松肥沃和排水良好的沙质土，在酸性土中生长旺盛，碱性土中生长不良。根部萌发力强，枝条着地部分极易生根。

观赏特性

　　迎春开花早，与梅花、山茶、水仙并称为"雪中四友"。枝条披垂，冬末至早春先花后叶，花色金黄，叶丛翠绿。在园林绿化中宜配置在湖边、溪畔、桥头、墙隅或在草坪、林缘、坡地、房屋周围，可供早春观花。迎春的绿化效果突出，体现速度快，在各地都有广泛使用，栽植当年即有良好的绿化效果。

校园分布状况

　　幼儿园南侧河堤；大板宿舍区。

茜　草　科

★ 栀子

名　称：栀子

科　属：茜草科栀子属

拉丁名：Gardenia jasminoides Ellis.

别　名：黄栀子、山栀

▌形态特征

常绿灌木，高可达 2米。叶对生或3叶轮生，叶片革质，长椭圆形或倒卵状披针形，全缘，花单生于枝端或叶腋，白色，芳香。花期5～7月，果期8～11月。

▌生长习性

栀子性喜温暖湿润气候，好阳光但又不能经受强烈阳光照射，适宜生长在疏松、肥沃、排水良好、轻粘性酸性土壤中，抗有害气体能力强，萌芽力强，耐修剪。是典型的酸性花卉。

▌观赏特性

叶色亮绿，四季常青，花大洁白，芳香馥郁，是良好的绿化、美化材料。花从冬季开始孕育花苞，直到近夏至才会绽放，含苞期愈长，清芬愈久远；栀子树的叶，也是经年在风霜雪雨中翠绿不凋。于是，虽然看似不经意的绽放，也是经历了长久的努力与坚持。

栀子的果实是传统中药，属卫生部颁布的第1批药食两用资源，具有护肝、利胆、降压、镇静、止血、消肿等作用，在中医临床常用于治疗黄疸型肝炎、扭挫伤、高血压、糖尿病等症。

▌校园分布状况

南门广场；东坡苗圃；明湖周边。

★ 六月雪

名　　称：六月雪

科　　属：茜草科六月雪属

拉丁名：Serissa japonia (Thunb.) Thunb.

别　　名：碎叶冬青、白马骨、素馨、悉茗

形态特征

　　常绿或半常绿丛生小灌木。植株低矮，株高不足1米，分枝多而稠密，显得纷乱。嫩枝绿色有微毛，揉之有臭味，老茎褐色，有明显的皱纹，幼枝细而挺拔，绿色。叶对生或成簇生小枝上，长椭圆形或长椭圆披针状，全缘。花白色带红晕或淡粉紫色，单生或多朵簇生，花形小，密生在小枝的顶端，小核果近球形。花期6～8月，果期10月。

生长习性

　　六月雪性喜阳光，也较耐阴，忌狂风烈日，高温酷暑时节宜疏阴。

观赏特性

　　株形纤巧，枝叶扶疏，白花盛开时缀满枝梢，繁密异常，宛如雪花满树，可用于花坛周围，也可作基础种植，是水果盆景的重要材料。

校园分布状况

　　主楼后方。

紫 葳 科

★ 凌霄

名　称：凌霄

科　属：紫葳科凌霄属

拉丁名：Campsis grandiflora (Thunb.) Schum

别　名：紫葳、女藏花、凌霄花、中国凌霄

形态特征

落叶木质藤本，羽状复叶对生，小叶7～9片，卵形至卵状披针形，花为橙红色，由三出聚伞花序集成稀疏顶生圆锥花丛；花萼钟形，质较薄，绿色，花冠漏斗状，红色，蒴果长如豆荚，顶端钝。种子多数。花期6～8月，果期10月。

生长习性

性强健，喜光、温暖湿润的环境，稍耐荫。喜欢排水良好土壤，较耐水湿，并有一定的耐盐碱能力。

观赏特性

凌霄生性强健，枝繁叶茂，入夏后朵朵红花缀于绿叶中次第开放，十分美丽。可植于假山等处，也是廊架绿化的上好植物，是理想的垂直绿化、美化花木品种，可用于棚架、假山、花廊、墙垣绿化。

校园分布状况

图书馆花园。

★ 蓝花楹

名　　称：蓝花楹

科　　属：紫葳科蓝花楹属

拉丁名：Jacaranda acutifolia Humb. et Bonpl.

别　　名：含羞草叶蓝花楹、蓝雾树、巴西紫葳、紫云木

形态特征

　　落叶乔木，高可达15米。叶对生，二回羽状复叶，羽片通常在16对以上，每1羽片有小叶16～24对；小叶椭圆状披针形至椭圆状菱形，长6～12毫米，宽2～7毫米，顶端急尖，基部楔形，全缘。花蓝色，花序长达30厘米，直径约18厘米。花萼筒状，长宽约5毫米，萼齿5个。花冠筒细长，蓝色，下部微弯，上部膨大，长约18厘米，花冠裂片圆形。朔果木质，扁卵圆形。花期5～6月。

生长习性

　　喜温暖湿润、阳光充足的环境，不耐霜雪。对土壤条件要求不严，在一般中性和微酸性的土壤中都能生长良好。

观赏特性

　　观赏、观叶、观花树种，每年夏、秋两季各开一次花，盛花期满树紫蓝色花朵，十分雅丽清秀。

校园分布状况

　　枫林桥旁。

千屈菜科

★ 紫薇

名　称：紫薇

科　属：千屈菜科紫薇属

拉丁名：Lagerstroemia indica L .

别　名：百日红、满堂红、痒痒树

▍形态特征

　　紫薇为落叶灌木或小乔木，树皮易脱落，树干光滑，多扭曲。幼枝略呈四棱形，稍成翅状。叶互生或对生，近无柄；叶子呈椭圆形、倒卵形或长椭圆形，圆锥花序顶生，蓝紫色至红色，花瓣皱缩，边缘有不规则缺刻，基部有长爪，蒴果椭圆状球形，种子有翅。花期6～9月，果期10～11月。树干愈老愈光滑，用手抚摸，全株会微微颤动。

▌生长习性

　　紫薇耐旱、怕涝，喜温暖潮润，喜光，喜肥，对二氧化硫、氟化氢及氯气的抗性强，能吸入有害气体，中性土或偏酸性土较好。

▌观赏特性

　　树姿优美，树干光洁古朴，花期长且开花时正值少花的盛夏，为炎炎夏日增添了一份色彩。作为优秀的观花乔木，在园林绿化中，被广泛用于公园绿化、庭院绿化、道路绿化、街区城市绿化等，在实际应用中栽植于建筑物前、院落内、池畔、河边、草坪旁及公园中小径两旁均很相宜。紫薇也是做盆景的好材料。紫薇枯峰式盆景，虽桩头朽枯，而枝繁叶茂，色艳而穗繁，如火如荼，令人精神振奋。

　　宋代诗人杨万里诗赞颂："似痴如醉丽还佳，露压风欺分外斜。谁道花无红百日，紫薇长放半年花。"明代薛蕙也写过："紫薇花最久，烂熳十旬期，夏日逾秋序，新花续放枝。"北方人叫紫薇树为"猴刺脱"，是说树身太滑，猴子都爬不上去。它的可贵之处是无树皮。年轻的紫薇树干，年年生表皮，年年自行脱落，表皮脱落以后，树干显得新鲜而光滑。老年的紫薇树，树身不复生表皮，筋脉挺露，莹滑光洁。紫薇树长大以后，树干外皮落下，光滑无皮。如果人们轻轻抚摸一下，立即会枝摇叶动，浑身颤抖，甚至会发出微弱的"咯咯"响动声。这就是它"怕痒"的一种全身反应，实是令人称奇。

▌校园分布状况

　　中山梁教学区；明湖边。

棕 榈 科

★ 棕竹

名　称：棕竹

科　属：棕榈科棕竹属

拉丁名：Rhapis excelsa (Thunb.) Henry ex Rehd.

别　名：观音竹、筋头竹、棕榈竹、矮棕竹

▌形态特征

　　棕竹为丛生灌木，茎干直立，高可达3米。茎纤细如手指，不分枝，有叶节，包有褐色网状纤维的叶鞘。叶集生茎顶，掌状，深裂几达基部，有裂片3～12枚，长20～25厘米、宽1～2厘米；叶柄细长，约8～20厘米。肉穗花序腋生，花小，淡黄色，极多，单性，雌雄异株。花期6～7月，果期11～12月。

▌生长习性

　　喜温暖湿润及通风良好的半阴环境，不耐积水，极耐阴，夏季炎热光照强时，应适当遮荫，萌蘖力强。

▌观赏特性

　　棕竹分枝多而直立，杆细如竹，其上有节，叶形优美，叶片分裂若棕榈，故名棕竹。株形饱满而自然，秀丽青翠，为一富有热带风光的观赏植物，宜孤植、丛植、列植等。

▌校园分布状况

　　图书馆花园；大板宿舍区。

★ 蒲葵

名　称：蒲葵

科　属：棕榈科蒲葵属

拉丁名：Livistona chinensis (Jacq.) R. Br. ex Mart.

别　名：扇叶葵、葵扇叶蒲葵、蓬扇树、葵扇木

形态特征

单干型常绿乔木，高可达20米。树冠紧实，近圆球形，冠幅可达8米。叶扇形，掌状浅裂至全叶的1/4～2/3，着生茎顶，下垂，裂片条状披针形，顶端长渐尖，叶柄两侧有沟刺，叶鞘褐色，纤维甚多。肉穗花序腋生，长1米有余，分枝多而疏散。花小，两性，花期3～4月。核果椭圆形，状如橄榄，熟时亮紫黑色，外略被白粉，果期10～12月。

生长习性

蒲葵属阳性植物，通常日照需充足。生性喜高温多湿，耐阴，耐寒能力差，

观赏特性

树形美观，树冠伞形，叶片大而扇形，是优美的庭园树种。丛植或行植，作广场和行道树及背景树，也可用作厂区绿化。小树可盆栽摆设供观赏。蒲葵大量盆栽常用于大厅或会客厅陈设。

校园分布状况

中山梁教学区。

★ 棕榈

名　　称： 棕榈

科　　属： 棕榈科棕榈属

拉丁名： Trachycarpus fortunei (Hook.) H. Wendl.

别　　名： 棕树、唐棕、拼棕、中国扇棕

形态特征

　　常绿乔木。树干圆柱形，高可达15米。常残存有老叶柄及其下部的叶鞘，叶簇竖干顶，形如扇，近圆形，掌状裂深达中下部，硬挺不下垂；叶柄长40~100厘米，两侧细齿明显。圆锥状肉穗花序腋生，花小而黄色。核果肾状球形，蓝褐色，被白粉。花期4~5月，10~11月果熟。

生长习性

　　喜温暖湿润的气候，极耐寒，较耐阴，成品极耐旱，不能抵受太大的日夜温差。栽培土壤要求排水良好、肥沃。

观赏特性

　　棕榈树栽于庭院、路边及花坛之中，树势挺拔，叶色葱茏，适于四季观赏。

校园分布状况

　　九阶运动场后方。

★ 董棕

名　称：董棕

科　属：棕榈科鱼尾葵属

拉丁名：Caryota urens Linn.

别　名：酒假桄榔、果榜

形态特征

　　常绿大乔木，高可达20米。单干直立，有环状叶痕。二回羽状复叶，大而粗壮，先端下垂，羽片厚而硬，形似鱼尾。花序长达3米，多分枝，悬垂。花3朵聚生，黄色。果球形，成熟后淡红色。花期7月，果期8～11月。

生长习性

　　喜温暖，湿润。较耐寒，能耐受短期-4℃低温霜冻。根系浅，不耐干旱，茎干忌曝晒。要求排水良好，疏松肥沃的土壤。

校园分布状况

　　校前区；教工住宅区。

观赏特性

　　植株挺拔，叶形奇特，姿态潇洒，富热带情调，花色鲜黄，果实如圆珠成串，是优美的行道树和庭荫树，也可盆栽布置会堂，大客厅等场合，十分合适和得体。

★ 假槟榔

名　称：假槟榔

科　属：棕榈科假槟榔属

拉丁名：Archontophoenix alexandrae H.Wendl et Drude.

别　名：亚历山大椰子

形态特征

常绿乔木；干单生，有环纹；叶长，簇生于茎顶，羽状全裂，裂片多数；花序生于叶鞘束之下；花单性，肉穗花序，雌雄异序；雄花生于分枝上部，多数，有雄蕊3~6枚；雌花生于下部，少数；核果卵形至长圆形，果皮纤维质，新鲜时稍带肉质，基部为花被所包围，有种子1颗。

生长习性

喜高温，耐寒力稍强，能耐5~6℃的长期低温及极端0℃左右低温，幼苗及嫩叶忌霜冻，老叶可耐轻霜。

观赏特性

植株挺拔隽秀，叶片青翠飘摇，四季常绿，冬夏一景，是展示热带风光的重要树种。花序穗状，乳黄色，下垂，果实小、圆形，鲜红色，亦颇艳丽，是重要的观叶展景植物。

校园分布状况

中山梁教学区。

禾 本 科

★ 毛竹

名　称：	毛竹
科　属：	禾本科刚竹属
拉丁名：	Phyllostachys pubescens Mazel ex H. de Lehaie.
别　名：	楠竹、孟宗竹、江南竹、茅竹

▌ 形态特征

　　毛竹为常绿乔木状竹类植物，秆大型，高可达20米以上，粗可达18厘米。秆箨厚革质，密被糙毛和深褐色斑点和斑块，箨耳和繸毛发达，箨舌发达，箨片三角形，披针形，外翻。高大，秆环不隆起，叶披针形，笋箨有毛。笋期为3～5月。

▌ 生长习性

　　毛竹是多年生常绿树种。根系集中稠密，竹秆生长快，生长量大。因此，要求温暖湿润的气候条件，在年平均温度为15～20℃，年降水量为800～1 200毫米的地区生长最好。毛竹对土壤的要求也高于一般树种，既需要充裕的水湿条件，又不耐积水淹浸。

▌ 观赏特性

　　毛竹四季常青，竹秆挺拔秀伟，潇洒多姿，卓雅风韵，独有情趣。另外，其观赏价值还表现在竹秆虚心，高风亮节，品格高尚；竹秆刚强正直，不屈不挠，不畏冰封雪裹，依然本色。竹和松、梅并列为"岁寒三友"，这些特殊价值，是人们取之不尽用之不竭宝贵精神财富的源泉。

▌ 校园分布状况

　　图书馆花园；中山梁边坡。

★ 凤尾竹

名 称：	凤尾竹
科 属：	禾本科竹亚种簕竹属
拉丁名：	Bambusa multiplex (Lour.) Raeuschel ex J. A. et J. H. Schult.'Fernleaf'.
别 名：	观音竹、米竹、筋头竹、蓬莱竹

形态特征

　　凤尾竹是孝顺竹的一种变异，多年生木质化竹类植物。秆密丛生，矮细但空心；秆高1～3米，径0.5～1.0厘米，具叶小枝下垂，每小枝有叶9～13枚，叶片小型，线状披针形至披针形，长3.3～6.5厘米，宽0.4～0.7厘米。植株丛生，叶细纤柔，弯曲下垂，宛如凤尾。

生长习性

　　喜温暖湿润和半阴环境。耐寒性稍差，不耐强光曝晒，怕渍水。宜肥沃、疏松和排水良好的土壤。冬季温度不低于0℃。

观赏特性

　　凤尾竹株丛密集，竹干矮小，枝叶秀丽，常用于盆栽观赏，点缀小庭院和居室，也常用于制作盆景或作为低矮绿篱材料。

校园分布状况

　　四号桥。

★ 苦竹

名　称：苦竹

科　属：禾本科苦竹属

拉丁名：Pleioblastus amarus (Keng) Keng f.

别　名：伞柄竹

▎形态特征

复轴混生竹，竿高3～5米，径1.5～2厘米，竿圆筒形，直立。竿环隆起视箨环略高，节间长27～29厘米，箨环上残留一圈木栓质遗迹，及一圈发达之棕紫色缘毛，箨环上白粉圈明显。箨鞘革质，绿色，被紫红色易脱落小刺毛。箨耳不明显，或缺如。鞘口无毛或有数根直立短遂毛；箨舌平截；箨叶披针形，绿色。竹竿每节分枝3～7杖，大多数为5条；每小枝有叶片2～4枚，叶披针形，长14～20厘米，宽2.4～3厘米，背面有白色细毛。叶耳缺如，鞘口无毛，叶舌紫红色。笋期在5～6月中下旬。

▎生长习性

阳性，喜温暖湿润气候，稍耐寒。

▎观赏特性

苦竹为园景树木，材质细密坚韧，声学特性好，是制作民族管乐器箫、笛子等的上佳材料。

▎校园分布状况

校前区。

百 合 科

★ 凤尾兰

名　　称：凤尾兰

科　　属：百合科丝兰属

拉丁名：*Yucca gloriosa* L.

别　　名：菠萝花、厚叶丝兰、凤尾丝兰

▌形态特征

　　凤尾兰为常绿灌木，茎通常不分枝或分枝很少。叶片剑形，长40～70厘米，宽3～7厘米，顶端尖硬，螺旋状密生于茎上，叶质较硬，有白粉，边缘光滑或老时有少数白丝（别于丝兰）。圆锥花序高1米多，花朵杯状，下垂，乳白色，花期6～10月。蒴果椭圆状卵形，不开裂。

▌生长习性

　　凤尾兰喜温暖湿润和阳光充足的环境，耐寒，耐阴，耐旱也较耐湿，对土壤要求不严。

▌观赏特性

　　凤尾兰常年浓绿，花、叶皆美，树态奇特，数株成丛，高低不一，叶形如剑，开花时花茎高耸挺立，花色洁白，繁多的白花下垂如铃，姿态优美，花期持久，幽香宜人，是良好的庭园观赏树木，也是良好的鲜切花材料。常植于花坛中央、建筑前、草坪中、池畔、台坡、建筑物、路旁及绿篱等地。

▌校园分布状况

　　图书馆花园；中山梁边坡。

★ 朱蕉

名　称：朱蕉

科　属：百合科朱蕉属

拉丁名：Cordyline fruticosa (L.) A. Cheval.

别　名：红竹

形态特征

灌木状，直立，高1～3米。茎粗1～3厘米，有时稍分枝。叶聚生于茎或枝的上端，矩圆形至矩圆状披针形，长25～50厘米，宽5～10厘米，绿色或带紫红色，圆锥花序，侧枝基部有大的苞片，每朵花有3枚苞片；花淡红色、青紫色至黄色，花期11月至翌年3月。

生长习性

喜高温多湿，冬季低温临界线为10℃，夏季要求半阴。忌碱性土壤。

校园分布状况

路北片区。

观赏特性

朱蕉为观叶植物，株形美观，色彩华丽高雅，盆栽适用于室内装饰。成片摆放会场、公共场所、厅室出入处，端庄整齐，清新悦目。数盆摆设橱窗、茶室，更显典雅豪华。栽培品种很多，叶形也有较大的变化，是布置室内场所的常用植物。

桫 椤 科

★ 桫椤

名　称：桫椤

科　属：桫椤科桫椤属

拉丁名：Alsophila spinulosa (Hook.) R. M. Tryon.

别　名：台湾桫椤、桫椤树

▌形态特征

　　桫椤为蕨类植物，茎直立，高1～6米，胸径10～20厘米，上部有残存的叶柄，向下密被交织的不定根。叶螺旋状排列于茎顶端；茎端和拳卷叶以及叶柄的基部密被鳞片和糠秕状鳞毛，三回羽状深裂，羽片17～20对，互生。叶纸质，干后绿色，羽轴、小羽轴和中脉上面被糙硬毛，下面被灰白色小鳞片。孢子囊群着生侧脉分叉处，造近中脉，有隔丝，囊托突起，囊群盖球形，膜质。

▌生长习性

　　桫椤为半阴性树种，喜温暖潮湿气候，喜生长在冲积土中或山谷溪边林下。

▌观赏特性

　　桫椤树形美观，树冠犹如巨伞，虽历经沧桑却万劫余生，依然茎苍叶秀，高大挺拔，可称得上是艺术品，园艺观赏价值极高。

▌校园分布状况

　　图书馆花园。

睡 莲 科

★ 荷花

名　称：	荷花
科　属：	睡莲科莲亚科莲属
拉丁名：	Nelumbo nucifera Gaertn.
别　名：	莲花、水芙蓉、藕花、中国莲等

▌形态特征

　　荷花是多年生水生草本，根状茎横生，肥厚，节间膨大，内有多数纵行通气孔道，节部缢缩，上生黑色鳞叶，下生须状不定根。叶圆形，盾状，表面深绿色，被蜡质白粉覆盖，背面灰绿色，全缘稍呈波状，上面光滑，具白粉。叶柄粗壮，圆柱形，中空，外面散生小刺。花梗和叶柄等长或稍长，也散生小刺。叶柄圆柱形，密生倒刺。花单生于花梗顶端、高托水面之上，花直径10～20厘米，美丽，芳香；有单瓣、复瓣、重瓣及重台等花型；花色有白、粉、深红、淡紫色、黄色或间色等变化；坚果椭圆形或卵形，果皮革质，坚硬，熟时黑褐色；种子（莲子）卵形或椭圆形，种皮红色或白色。花期6～9月，每日晨开暮闭，果期8～10月。荷花栽培品种很多，依用途不同可分为藕莲、子莲和花莲三大系统。

▌ 生长习性

　　荷花是水生植物，性喜相对稳定的平静浅水，湖沼、泽地、池塘是其适生地。

▌ 观赏特性

　　荷花是中国的十大名花之一，花大色艳，清香远溢，而且适应性极强，既可广植湖泊，蔚为壮观，又能盆栽瓶插，别有情趣。自古以来，荷花就是宫廷苑囿和家庭的珍贵水生花卉，在今天的现代风景园林中更是得到广泛应用，其出淤泥而不染之品格为世人称颂。"接天莲叶无穷碧，映日荷花别样红"就是对荷花之美的真实写照。荷花"出淤泥而不染，濯清涟而不妖，中通外直，不蔓不枝"的高尚品格，古往今来为诗人墨客歌咏绘画的题材之一。

▌ 校园分布状况

　　明湖。

参 考 文 献

[1] 郑万钧. 中国树木志[M]. 北京：中国林业出版社，2004.

[2] 陈有民. 园林树木学[M]. 北京：中国林业出版社，2004.

[3] 祁承经，汤庚国. 树木学(南方本)[M]. 北京：中国林业出版社，2005.

[4] 藏德奎. 园林树木学[M]. 北京：中国建筑工业出版社，2007.

[5] 王意成. 观赏花木养护与欣赏[M]. 南京：江苏科学技术出版社，2002.

[6] 毛龙生. 观赏树木栽培大全[M]. 北京：中国农业出版社，2001.

[7] 中国植物物种信息数据库，http://db.kib.ac.cn/eflora/default.aspx.

后 记

《西南交通大学峨眉校区校园观赏植物》终于面世了！

校园植物是校园文化的重要组成部分，它反映了学校的精神风貌，给人们最直观的感受，更有环境育人的重要功能。因此，各高校历来重视校园园林绿化美化建设。西南交通大学峨眉校区树木种类丰富，树姿高耸挺拔，浓荫如盖，乔冠草搭配，相得益彰，蔚为壮观。为了让人们更深入地了解和认识峨眉校区植物，峨眉校区后勤集团策划并组织有关人员筹备编写了这本适合师生参阅的文献资料。

该书几易其稿，终于呈现在读者面前。

本书最初名为《峨眉校区植物志》。所谓植物志（flora），是记载某个国家或某一地区植物种类（植物区系）的分类学专著，一般依分类系统编排（如恩格勒系统、哈钦松系统），记载植物名称（学名、通用名和别名）、文献出处、形态特征、产地、生态习性、地理分布、经济意义等，并有分科、分属和分种检索表，科、属说明和插图等。作为比较专业的资料书，我们做了大量的准备工作，如文字资料的收集，照片的拍摄等。面对一大堆资料，如何将其完整而有序地展现给广大读者，很是费了一番功夫，最终确定了编写植物种类、编写条目、图片采用，在这个过程中有大量的资料需要补充，又有大量的资料被舍弃。

本书初稿成形时，一遍读下来，感觉内容庞杂，过于专业化，不适合一般读者阅读，便又进行了大量的精简，删除了对植物细部特征的描述和部分图片，文字力求突出植物的显著特征，图片反映其整体特征，且尽量与校园环境联系起来，这样更有利于读者认识各种植物，更快地记住这些植物。

二稿完成后，我们又进行了详细的校对工作，对树种再次确认，尤其对一些有争议植物的名称、科属、拉丁名、形态特征、校园分布等一一进行核对，对出现错误的地方进行了修改。

最终拿出来的三稿，与最初确定的植物志的要求已相去甚远。作为一本通俗易懂，面向师生的科普性读物，再称其为植物志已免为其难，于是改名为"校园观赏植物"，似更为妥当。

《西南交通大学峨眉校区校园观赏植物》编写历时三年，我们付出了艰辛和汗水，也收获了更多对校园绿化美化更深层次的认识，为今后的工作提供了宝贵的经验，其意义必将深远。

这本《西南交通大学峨眉校区校园观赏植物》如果能为读者提供帮助，我们则欣慰之至，这也是我们编写这本书的初衷。如果广大植物爱好者能为本书提出宝贵意见，则是对我们最大的帮助。

感谢西南交通大学峨眉校区后勤集团为本书的编写与出版提供大力支持！

感谢峨眉校区后勤集团园林工作者的大力支持！

感谢为本书提供帮助的所有人！

本书编者

2015年9月